灵动的画卷——

高质量PPT修炼之道

尼春雨　编著

清华大学出版社

北 京

内 容 简 介

本书针对读者迫切需要掌握制作PPT的需求，经过认真合理的规划，对演示文稿的制作与提高进行了全方位的分析和讲解。全书共分9章，主要内容包括：PowerPoint轻松上手、PPT的构图与色彩艺术、玩转文字艺术、让数据分析更加生动、图像处理见真功、声影的魅力、主题与母版让你事半功倍、展开灵动的画卷、幻灯片的放映与输出。通过对本书的学习，读者不仅可以快速制作出效果炫丽的演示文稿，更能体会PPT的魅力所在。

本书不仅适合零基础的初学者，也适合对PPT制作有一定基础的工作人员，特别是那些渴望做出与众不同的PPT的朋友们。

图书在版编目(CIP)数据

灵动的画卷——高质量PPT修炼之道／尼春雨编著. --北京：清华大学出版社，2013

ISBN 978-7-302-33030-1

Ⅰ. ①灵… Ⅱ. ①尼… Ⅲ. ①图形软件 Ⅳ. ①TP391.41

中国版本图书馆CIP数据核字(2013)第149797号

责任编辑：张 瑜 杨作梅
封面设计：杨玉兰
责任校对：李玉萍
责任印制：何 芊

出版发行：清华大学出版社
  网　　址：http://www.tup.com.cn，http://www.wqbook.com
  地　　址：北京清华大学学研大厦 A 座　　邮　编：100084
  社总机：010-62770175　　　　　　　　　邮　购：010-62786544
  投稿与读者服务：010-62776969，c-service@tup.tsinghua.edu.cn
  质 量 反 馈：010-62772015，zhiliang@tup.tsinghua.edu.cn
  课 件 下 载：http://www.tup.com.cn，010-62791865
印 装 者：北京亿浓世纪彩色印刷有限公司
经　　销：全国新华书店
开　　本：170mm×240mm　　**印　张**：18.25　　**字　数**：348 千字
　　　　　附光盘 1 张
版　　次：2013 年 10 月第 1 版　　　　　**印　次**：2013 年 10 月第 1 次印刷
印　　数：1～4000
定　　价：68.00 元

产品编号：039259-01

写 给 读 者

首先感谢您选择了本书，同时也恭喜您选择了一本与众不同的PPT学习用书。

作为演示文稿的制作先锋，PowerPoint以其不可超越的实用性、易用性、优越性一直深受广大用户的喜欢。它不仅容易学习，而且可以在短时间内制作出非常漂亮的效果，初学者能够快速上手。本书是以PowerPoint 2010为版本进行写作，这可能会和您所使用的版本不同，但实际上里面的很多内容同样适用于PowerPoint 2003/2007。因为这并不是一本讲解PowerPoint如何操作的图书，而是一本探讨如何做出更好的演示文稿的书。

1. 本书有什么特别之处

本书特别考虑了一些初学者的实际情况，在每章的开头，首先介绍了本章的一些基础操作，然后循序渐进地深入和提高。与市面上很多PPT的图书不同的是，本书在结构安排上更加符合读者的需求，在体例的安排上采用了"知识点突击速成+高手经验+实例进阶+技巧放送"四个版块。

- "知识点突击速成"版块主要简明扼要地介绍一些基础知识和最为常用的内容，主要是考虑初学者的实际情况来制定的。
- "高手经验"是笔者自身的一些制作经验以及一些PPT高手的经验总结，是对本章内容的一个提高。对于提高PPT制作水平有很大的帮助和指导。
- "实例进阶"则是通过具体的实例来对本章内容进行综合应用，手把手教会读者进行实战操作，从而进一步巩固本章所学的内容。
- "技巧放送"则是针对一些非常有用的操作方法和技巧进行介绍，可以在一定程度上提高PPT的制作效率。

2. 如何阅读本书

对于初学者，建议根据章节顺序仔细阅读。而对于有一些基础的读者，则可以跳过每章的"知识点突击速成"小节，直接在"高手经验"、"实例进阶"、"技巧放送"版块查找所需要的内容，从而更好更快地掌握本书的精髓。另外，本书提供的光盘附带了书中的素材，还有本书实例进阶部分的操作视频，供读者参考学习使用。

3. 本书将带给您什么

同样一本书，有人如获至宝，也有人嗤之以鼻，正所谓仁者见仁、智者见智。笔者不敢夸大本书有什么非常之处，甚至我承认和一些PPT的图书还有不小的差距，但如果您能认真体会，相信一定会给您带来很多意外的惊喜。它可以帮助您从一个毫无基础的初学者，一跃成为行业应用的佼佼者。当然，这需要您更多地发掘和利用本书来实现您的梦想。

4. 特别感谢

在本书的编写过程中，胡文华、张石磊、黄定光、张阳、李祥、李晓楠、张丽、马倩倩、孟倩、刘松云、薛侠、王海龙、郭敏、崔波、张悦、张旭、张志强等人对本书的编写提供了很大的帮助，在此一一表示感谢。

由于作者水平所限，书中难免存在疏漏甚至错误之处，恳请广大读者给予批评指正。

编　者

目 录

第1章
PowerPoint轻松上手

PowerPoint是微软公司推出的办公软件系列中的重要组件之一，主要用来制作演示文稿，在正式学习之前，我们先来对其主要功能、应用领域以及工作界面等简单了解一下，正所谓"千里之行，始于足下"，我们就从本章开始进入PowerPoint 2010的旅程吧！

1.1 知识点突击速成

1.1.1 PowerPoint的应用领域

PowerPoint(PPT)的主要功能就是进行演示，从而给广大受众留下深刻的印象。随着计算机技术的不断普及，演示文稿已广泛应用于生活和工作中的各个方面，比如以下几个领域。

1. 教育和培训机构

用PPT做成的课件进行教学，可以使枯燥的理论讲解变得生动有趣，寓教于乐，让学生可以在最短的时间内，学到更多的知识，如图1-1和图1-2所示。

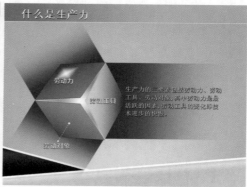

图1-1 辅助教学　　　　　　　　　　图1-2 职业培训

2. 商业活动与企业宣传

在商业活动和企业宣传中，PPT更是被越来越多的人所喜爱。PPT被广泛应用于产品宣传、项目竞投、企业形象展示、工作汇报等场合，如图1-3和图1-4所示。

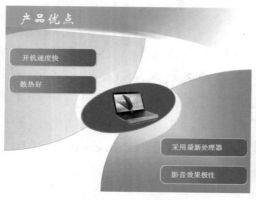
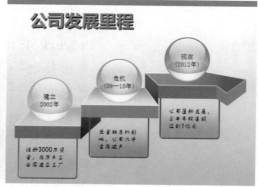

图1-3 产品宣传　　　　　　　　　　图1-4 企业形象展示

3. 个人形象展示

PPT还可用于政府部门相关政策的推广与学习、个人简历的制作、演讲比赛等，如图1-5和图1-6所示。

图1-5　个人简历

图1-6　演讲比赛

1.1.2　PowerPoint 2010的新功能

随着PowerPoint的不断升级改进，新版本不仅继承了以往版本的优势，还对一些功能进行了优化，同时，新增了一些更为实用的功能，下面我们将对其相关内容进行介绍。

1. 创建、管理并同他人协作处理演示文稿

在PowerPoint 2010版本中引入了一些出色的新工具，用户可以使用这些工具有效地创建、管理并与他人协作处理演示文稿。

1) 使用Backstage 视图管理文件

在PowerPoint 2010中，"文件"菜单取代了PowerPoint 2007版本中的"Office按钮" ，如图1-7所示。它采用全新的Microsoft Office Backstage视图方式，视图的左边是导航栏，其中包含一些快速命令。

2) 与同事共同创作演示文稿

用户可以与同事或朋友同时更改演示文稿，而无须单独执行操作，如图1-8所示。

图1-7　PowerPoint 2010的文件菜单

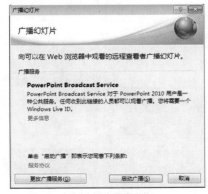

图1-8　协同办公

3) 使用节管理幻灯片

用户可以使用多个节来组织大型幻灯片版面，以简化其管理和导航，如图1-9所示。

4) 合并和比较演示文稿

使用PowerPoint 2010中的合并和比较功能，可以比较当前演示文稿和其他演示文稿，并可以立即将其合并。使用合并和比较功能可以帮助用户快速完成对同一个演示文稿的多个版本的编辑操作，如图1-10所示。

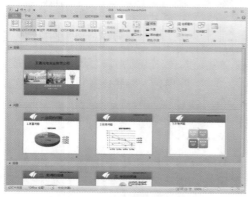

图1-9　使用节管理幻灯片　　　　　　　图1-10　合并比较幻灯片

5) 在不同窗口中使用单独的PowerPoint演示文稿文件

用户可以在一台监视器上并排运行多个演示文稿。演示文稿不再受主窗口或父窗口的限制，因此，用户可以在处理某个演示文稿时引用另一个演示文稿，如图1-11所示。

6) 随时随地工作：PowerPoint Web App

即使用户无法使用PowerPoint，也能处理演示文稿。只要将演示文稿存储在用于承载Microsoft Office Web App 的Web服务器上，然后即可使用PowerPoint Web App在浏览器中打开演示文稿，如图1-12所示。

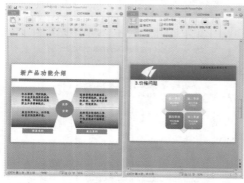

图1-11　在不同窗口中使用单独的演示文稿　　　图1-12　使用PowerPoint Web App打开演示文稿

2. 使用视频、图片和动画丰富演示文稿

PowerPoint 2010引入了视频和照片编辑功能和增强功能。除此之外，切换效果和动画分别具有单独的选项卡，并且比以往更为平滑和丰富。SmartArt图形中增添了许多让用户惊喜的基于照片的新增功能。

1) 在演示文稿中嵌入、编辑和播放视频

PowerPoint 2010允许用户将视频插入演示文稿中，这些插入的视频将成为演示文稿文件的一部分，在移动演示文稿时不会出现视频文件丢失的情况，如图1-13所示。

2) 在音频和视频剪辑中使用书签

用户可以添加一个书签来指示视频或音频剪辑中关注的时间点。使用书签可触发动画或跳转至视频中的特定位置，如图1-14所示。

图1-13 编辑视频　　　　　　　　　　　图1-14 在音频中使用书签

3) 对图片应用艺术纹理和效果

在PowerPoint 2010中，可以为图片应用多种多样的艺术效果，如让图片具有素描、绘图或油画的效果等，如图1-15所示。

图1-15 应用图片艺术效果

4) 删除图片的背景及其他不需要的部分

PowerPoint 2010包含的另一高级图片编辑选项是自动删除不需要的图片部分(如背景),以强调或突出显示图片主题或删除杂乱的细节,如图1-16所示。

初始效果　　　　　　删除背景的效果

图1-16　删除图片背景

5) 更加精确地裁剪图片

使用增强的裁剪工具对图片进行剪裁,并有效删除不需要的图片部分,可获取所需外观并使文档更受欢迎,如图1-17所示。

6) 新增的SmartArt图形图片布局

在PowerPoint的这一新版本中,增加了一种新的SmartArt图形布局,可快速、轻松、有效地传达信息,如图1-18所示。

图1-17　裁剪图片

图1-18　将图片转换为SmartArt图形

3. 更有效地提供和共享演示文稿

PowerPoint 2010可以更好地提供和共享演示文稿,下面是一些可用来分发和提供演示文稿的新方法。

1) 将演示文稿转换为视频

将演示文稿转换为视频是分发和传递它的一种新方法。如果用户希望为同事或客户提供演示文稿的高保真版本,可以将其作为电子邮件附件发送,或发布到网站,或者刻录成CD或DVD,如图1-19所示。

2) 确定并解决辅助功能问题

使用辅助功能检查器可以帮助用户确定并解决PowerPoint文件中的辅助功能问

题。若PowerPoint文件中存在任何潜在辅助功能问题，则Microsoft Office Backstage视图中会出现一个警报，以便用户能够查看并修复这些问题。用户可以通过单击"文件"菜单，然后在展开的界面中单击"检查问题"图标按钮，再选择"检查辅助功能"选项来查看警报，如图1-20所示。

图1-19 将演示文稿转换为视频

图1-20 使用辅助检查功能

1.1.3 认识PowerPoint 2010的工作界面

打开演示文稿，可以看到PowerPoint 2010的工作界面主要包括标题栏、功能区、幻灯片/大纲浏览窗格、编辑区、状态栏等，如图1-21所示。用户可以根据工作习惯，自定义工作界面，以最大程度地提高工作效率。

图1-21 PowerPoint 2010的工作界面

1. 标题栏

标题栏位于工作界面的最上方，它的最左侧为应用程序按钮，紧接着是快速访问工具栏，中间显示Microsoft PowerPoint的程序名称以及当前演示文稿的名称，右侧为窗口控制按钮。

2. "文件"菜单

单击操作界面上的"文件"按钮，可打开"文件"菜单，从上至下依次为保存、另存为、打开、关闭、信息、最近所用文件、新建、打印、保存并发送、帮助、选项以及退出12个命令。

3. 功能区

功能区位于标题栏的下方，其中包括多个选项卡，如开始、插入、设计、切换、动画、幻灯片放映、审阅、视图以及格式等，如图1-22所示。

图1-22 "插入"选项卡

每个选项卡包含一种类型的操作，简单介绍如下。

- 使用"开始"选项卡中的命令可插入新幻灯片、将对象组合在一起以及设置幻灯片上的文本的格式。
- 使用"插入"选项卡中的命令可将表、形状、图表、页眉或页脚插入演示文稿中。
- 使用"设计"选项卡中的命令可自定义演示文稿的背景、主题设计和颜色或页面设置。
- 使用"切换"选项卡中的命令可对当前幻灯片应用、更改或删除切换。
- 使用"动画"选项卡中的命令可对幻灯片上的对象应用、更改或删除动画。
- 使用"幻灯片放映"选项卡中的命令可开始幻灯片放映、自定义幻灯片放映的设置和隐藏单个幻灯片等。

4. 幻灯片/大纲浏览窗格

幻灯片/大纲浏览窗格位于功能区下方和状态栏上方的左侧区域，用以显示演示文稿的幻灯片数量及位置，如图1-23所示。

幻灯片/大纲浏览窗格又包括"幻灯片"和"大纲"选项卡，默认打开"幻灯片"窗格，选择不同的选项卡可在不同的窗格间相互切换。"幻灯片"窗格显示整个演示文稿中幻灯片的编号及缩略图；而"大纲"窗格则列出当前演示文稿中各张幻灯片中的文本内容。

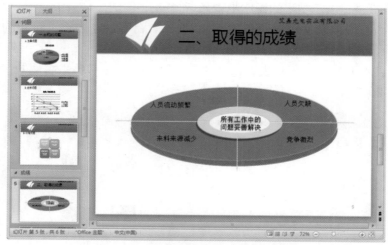

图1-23 通过"幻灯片"窗格浏览幻灯片

5．编辑区

编辑区位于幻灯片/大纲浏览窗格的右侧，是一个用于显示或编辑幻灯片内容的工作区域，是制作演示文稿的基本操作平台。单击"幻灯片"窗格中的某张幻灯片图标，该幻灯片的内容将显示在编辑区中，可以输入文字内容、插入图表或图片、设置动画效果等。若当前演示文稿中有多张幻灯片，窗口右侧将显示滚动条，单击其中的▲或▲按钮，可切换到上一张幻灯片，单击▼或▼按钮，可切换到下一张幻灯片。

6．状态栏

在工作界面的最下方为PowerPoint的状态栏，其中左端(如图1-24中显示"幻灯片第2张，共4张"的位置)显示当前幻灯片的编号以及幻灯片的数目，然后依次显示当前主题名称、语言、视图按钮、显示比例、缩放滑块以及缩放至合适尺寸按钮。

图1-24 状态栏

1.1.4 演示文稿的基本操作

在正式学习演示文稿的设计之前，先来学习一些演示文稿的基本操作，比如创建、打开、查看、保存等，本节将对相关的操作方法和技巧进行简单介绍。

1．创建演示文稿

要制作一个完美的演示文稿，首先需要创建演示文稿。其中，常见的快速创建法包括以下几种。

1) 利用模板创建文稿

根据模板创建演示文稿的操作步骤如下。

步骤1：打开演示文稿，执行"文件>新建"命令，在右侧"可用的模板和主题"列表中，选择"样本模板"选项，如图1-25所示。

步骤2：打开样本模板列表，选择"培训"模板，然后单击右侧的"创建"按钮，如图1-26所示。

图1-25　选择"样本模板"选项　　　　图1-26　单击"创建"按钮

步骤3：创建完成后，演示文稿将自动打开，用户可以根据需要在此基础上进行设计。

在创建时，如果电脑处于联网状态，那么用户还可以利用"Office.com模板"创建演示文稿，具体操作步骤如下。

步骤1：执行"文件>新建"命令，在右侧列表中，单击"Office.com模板"区中的"其他类别"按钮，如图1-27所示。

步骤2：在打开的类别列表中，选择"规章制度"分类，然后在打开的节日列表中选择"新员工培训"选项，再单击"下载"按钮，如图1-28所示。

图1-27　单击"其他类别"按钮　　　　图1-28　单击"下载"按钮

步骤3：将弹出"正在下载模板"对话框，若发现下载有误，可单击"停止"按钮，取消下载，如图1-29所示。

步骤4：下载完成后，会自动打开该演示文稿，用户可根据内容进行相应的修改，如图1-30所示。

图1-29　单击"停止"按钮

图1-30　新员工培训

2) 根据主题创建文稿

要想制作一个大方、美观的演示文稿，对于初学者来说是一件非常不容易的事，这时可以尝试根据主题来创建演示文稿，具体操作步骤如下。

步骤1：执行"文件>新建"命令，在右侧列表中，选择"主题"选项，如图1-31所示。

步骤2：在打开的"主题"列表中，选择"活力"选项，然后单击"创建"按钮，如图1-32所示。

图1-31　选择"主题"选项

图1-32　选择"活力"选项后单击"创建"按钮

步骤3：返回工作界面，可以看到已经新建了一个活力主题的演示文稿，如图1-33所示。

步骤4：创建空白演示文稿后，用户还可以更改主题样式，即单击"设计"选项卡处的"主题"组中的"其他"按钮，在弹出的下拉列表中选择一个合适的主题样式，如图1-34所示。

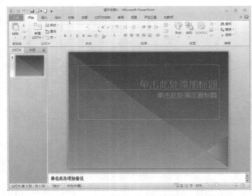

图1-33　应用了主题的演示文稿

图1-34　主题下拉列表

3) 根据已保存的PowerPoint文稿创建新演示文稿

在日常工作和生活中，经常会需要用到一些类似的演示文稿，如某旅游公司对旅游线路的介绍，每个地方都要作类似的介绍，这时可以根据已有的演示文稿，创建其他各地的演示文稿，具体操作步骤如下。

步骤1：打开演示文稿，切换至"文件"选项卡，选择"新建"选项，如图1-35所示。

步骤2：在"可用的模板和主题"列表中选择"根据现有内容新建"选项，如图1-36所示。

图1-35　选择"新建"选项

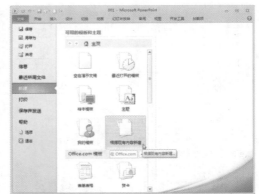

图1-36　选择"根据现有内容新建"选项

步骤3：打开"根据现有演示文稿新建"对话框，选择"徐州旅游"演示文稿，单击"新建"按钮，如图1-37所示。这样，即可新建一个根据"徐州旅游"演示文稿修改的"演示文稿1"演示文稿，如图1-38所示。

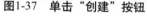

图1-37　单击"创建"按钮　　　　　图1-38　根据内容创建的演示文稿

2. 打开演示文稿

以常规方式打开演示文稿的方法有以下几种。

1) 双击打开演示文稿

在"桌面"、"资源管理器"或"我的电脑"中找到需要的文档(如004)，在其图标上双击即可打开演示文稿，如图1-39所示。

2) 打开最近使用的演示文稿

执行"文件>最近使用的文件"命令，在右侧"最近使用的演示文稿"列表中，单击需打开的演示文稿图标(如中学语文)即可打开演示文稿，如图1-40所示。

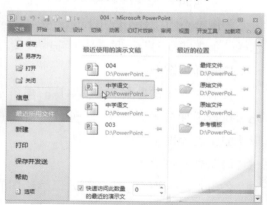

图1-39　双击004图标　　　　　　　图1-40　输入文字

3) 通过对话框打开演示文稿

执行"文件>打开"命令，在弹出的对话框中，选中需要打开的演示文稿，然后单击"打开"按钮即可打开演示文稿，如图1-41所示。

4) 以只读方式打开演示文稿

以只读方式打开的PowerPoint文档会限制对原始文档的编辑和修改，从而有效保护PowerPoint文档的原始状态。可以将以只读模式打开的PowerPoint文档进行"另存为"操作，从而将当前打开的只读Office文档另存为一份全新的、可以编辑的Office文档。

以只读方式打开演示文稿的方法是，执行"文件>打开"命令，打开"打开"对话框，选择文档，在"打开"下拉列表中选择"以只读方式打开"选项，如图1-42所示。

图1-41　单击"打开"按钮　　　　　图1-42　选择"以只读方式打开"选项

3. 查看演示文稿

为满足不同场合不同用户的需要，PowerPoint 2010提供了多种视图模式供用户选择，单击"视图"选项卡中对应的视图方式按钮，即可切换到相应的视图模式。

1) 普通视图

普通视图方式为演示文稿默认的视图方式，也是用户主要的编辑视图方式，在此可执行添加与删除幻灯片、修改幻灯片的样式、更改幻灯片内容、为幻灯片添加形状或图表等操作，如图1-43所示。

2) 幻灯片浏览视图

幻灯片浏览视图可以让用户以缩略图的方式查看幻灯片。通过该视图，用户在创建演示文稿以及准备打印演示文稿时，可以轻松地添加、删除、移动幻灯片，但是不能对幻灯片中的内容进行修改。用户还可以在幻灯片浏览视图中添加节，并按不同的类别或节对幻灯片进行排序，如图1-44所示。

图1-43 普通视图

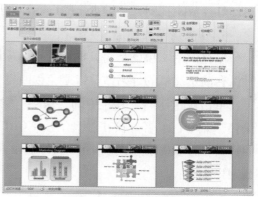

图1-44 幻灯片浏览视图

3) 备注页视图

"备注"窗格位于编辑区的下方,用户可以输入要应用于当前幻灯片的备注。日后若有需要,可以将备注打印出来并在放映演示文稿时作为参考。用户还可以将打印好的备注分发给受众,或者将备注包括在发送给受众或发布在网页上的演示文稿中,如图1-45所示。

4) 阅读视图

若用户希望在一个设有简单控件以方便审阅的窗口中查看演示文稿,而不想使用全屏的幻灯片放映视图,则可以使用阅读视图,如图1-46所示。

图1-45 备注页视图

图1-46 阅读视图

15

5) 幻灯片放映视图

幻灯片放映视图可用于向观众放映演示文稿。幻灯片放映视图会占据整个计算机屏幕,这与观众观看演示文稿时在大屏幕上显示的演示文稿完全一样。用户可以看到图形、计时、电影、动画效果和切换效果在实际演示中的具体效果,若需要退出幻灯片放映视图，按键盘上的Esc键即可。

4. 保存演示文稿

保存演示文稿就是将其保存在电脑的磁盘中。在制作演示文稿时，需要养成及时保存演示文稿的好习惯，以避免因断电、死机或操作不当导致文件丢失的情况。

单击快速访问工具栏中的"保存"按钮，如图1-47所示；或者执行"文件>保存"命令；或者直接在键盘上按下Ctrl + S组合键，打开"另存为"对话框，从中设置演示文稿的保存路径、文件名及保存类型，最后单击"保存"按钮即可，如图1-48所示。

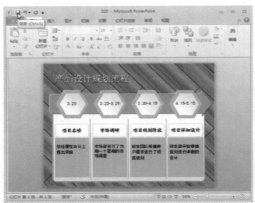

图1-47 单击"保存"按钮　　　　　图1-48 "另存为"对话框

提示：

若是对保存过的文件再次进行保存操作，只需执行"文件>保存"命令，或者单击快速访问工具栏中的"保存"按钮即可，此时，不会打开"另存为"对话框。

若用户希望将当前演示文稿进行备份，可以在其他位置或以其他名称保存已保存过的演示文稿。即执行"文件>另存为"命令，在打开的"另存为"对话框中进行设置并保存。

1.1.5 幻灯片的编辑方法

演示文稿通常由多张幻灯片组成，每张幻灯片都不相同，用户需要分别对其进行编辑，这些编辑好的幻灯片就组成了一个漂亮的演示文稿。对幻灯片的编辑操作主要包括添加新幻灯片、选择幻灯片、复制幻灯片、移动幻灯片、隐藏幻灯片以及删除幻灯片。

1. 添加新幻灯片

启动PowerPoint程序后，系统将自动创建一个空白演示文稿，但是该演示文稿只包含一张幻灯片，并不能满足工作需求，因此需要在演示文稿中插入新的幻灯片。下面介绍几种添加新幻灯片的常用方法。

1) 功能区按钮法

打开演示文稿，单击选择第2张幻灯片，然后单击"开始"选项卡上的"新建幻灯片"按钮，在弹出的列表中选择"标题和内容"选项，如图1-49所示，即可在所选幻灯片下方创建一张新的幻灯片。

2) 通过组合键新建幻灯片

选择幻灯片后，在键盘上按Ctrl + M组合键或按Enter键可在所选幻灯片下方创建一个新幻灯片，如图1-50所示。

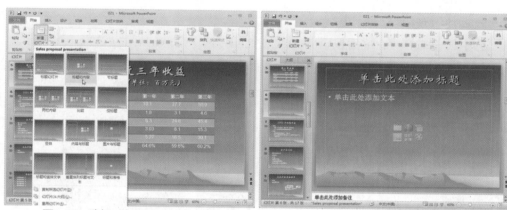

图1-49　选择"标题和内容"选项　　　　　图1-50　新建幻灯片

2. 选择幻灯片

对幻灯片的所有操作，都需要首先将幻灯片选中。不管是在"幻灯片"浏览窗格、"大纲"窗格或是"幻灯片浏览视图"中，选择幻灯片的方法都大致相同，下面介绍几种通用的方法。

1) 选择单个幻灯片

在"幻灯片/大纲"窗格中单击某张幻灯片即可将其选中，如图1-51所示。

2) 选择连续多个幻灯片

按住Shift键的同时，分别单击需要选择区域的第一张幻灯片和最后一张幻灯片，即可选择两张幻灯片中的所有幻灯片，如图1-52所示。

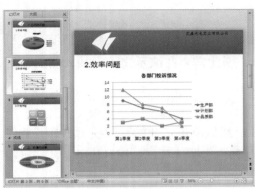
图1-51　选择幻灯片

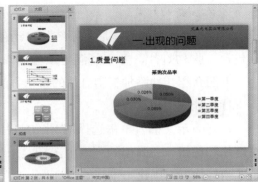
图1-52　选择连续多张幻灯片

3) 选择不连续的多张幻灯片

在按住Ctrl键的同时，依次单击所要选取的幻灯片即可，如图1-53所示。

4) 选择所有幻灯片

选中任一幻灯片，之后按Ctrl＋A组合键即可选中全部幻灯片，如图1-54所示。

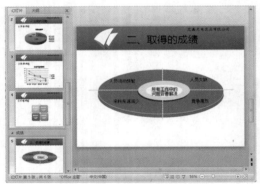
图1-53　选择不连续的多张幻灯片

图1-54　选择所有幻灯片

3. 复制幻灯片

在制作演示文稿时，若用户需要用到多张相似的幻灯片，逐一进行设计会浪费很多时间和精力，这时，可以先制作一张幻灯片，然后利用复制操作复制后再进行修改，其具体操作如下。

1) 常规方式复制幻灯片

选中需要复制的幻灯片4，单击"开始"选项卡上的"复制"按钮或在键盘上按Ctrl＋C组合键，如图1-55所示。然后单击"粘贴"按钮，或按Ctrl＋V组合键，即可在所选幻灯片4下复制出一张新幻灯片，如图1-56所示。

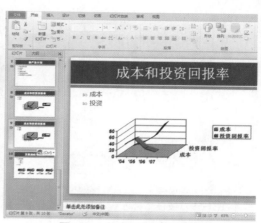

图1-55　单击"复制"按钮　　　　图1-56　单击"粘贴"按钮

2）通过"新建幻灯片"按钮复制幻灯片

选中幻灯片5，单击"开始"选项卡上的"新建幻灯片"按钮，从下拉列表中选择"复制所选幻灯片"选项，如图1-57所示，即可在幻灯片5下方插入了所复制的幻灯片。用户可以拖动鼠标，移动该幻灯片至合适位置。

3）右键快捷菜单复制法

选择幻灯片后右键单击，从弹出的快捷菜单中选择"复制幻灯片命令"，同样可以在所选幻灯片下方插入复制的幻灯片，如图1-58所示。

图1-57　选择"复制所选幻灯片"选项

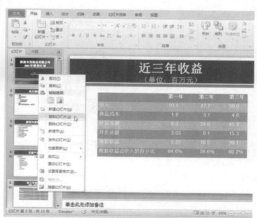

图1-58　选择"复制幻灯片"命令

4）鼠标拖动复制幻灯片

在"大纲/幻灯片"窗格中选择第3张幻灯片，按住鼠标左键不放向下拖动，如图1-59所示。拖动至合适的位置，在键盘上按住Ctrl键不放（鼠标指针由 变为 形状）的同时，释放鼠标左键，即可复制幻灯片至合适位置，如图1-60所示。

图1-59　按住鼠标左键不放拖动鼠标　　　　　图1-60　按住Ctrl键不放释放鼠标

4. 移动幻灯片

若制作过程中发现演示文稿内幻灯片的逻辑顺序不流畅，需要对演示文稿内的某些幻灯片重新排序，该如何进行调整呢？

1) 普通模式下调整

选中需调整位置的幻灯片14，按住鼠标左键不放向上拖动，此时，鼠标变为形状，拖动至幻灯片11后(见图1-61)释放鼠标左键，即可移动幻灯片，如图1-62所示。

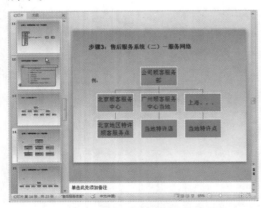

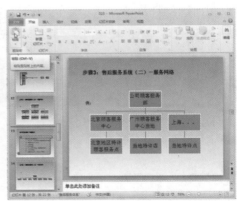

图1-61　按住鼠标左键不放拖动鼠标　　　　　图1-62　幻灯片14变为幻灯片12

2) 使用"剪切"、"粘贴"命令进行调整

选中需调整位置的幻灯片14，单击"开始"选项卡上的"剪切"按钮，如图1-63所示。然后将光标定位至幻灯片12与幻灯片13之间，将出现一条闪烁的线，单击"粘贴"按钮(见图1-64)，即可将幻灯片14移至幻灯片13的位置。

图1-63 "剪切"按钮

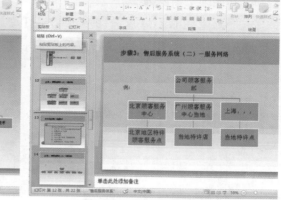

图1-64 单击"粘贴"按钮

同样地，可以在选中需要移动的幻灯片后右键单击，从其快捷菜单中选择"剪切"命令，或者直接在键盘上按Ctrl +X组合键。然后将光标定位至合适位置，右键单击，从其快捷菜单中选择"粘贴"命令，或者按Ctrl + V组合键。

5. 隐藏幻灯片

在实际工作中，某些时候制作完成的演示文稿里面有的幻灯片并不需要播放，这时用户可将这些不必要的幻灯片隐藏，被隐藏的幻灯片在放映时不播放，且隐藏的幻灯片编号上会显示"\"标记。

1) 普通视图隐藏

打开演示文稿，按住Ctrl键的同时，右击需要隐藏的幻灯片，从弹出的快捷菜单中选择"隐藏幻灯片"命令，如图1-65所示。

可以看到隐藏后的幻灯片的编号上有"\"标记，如图1-66所示。若需要取消隐藏，只需选中相应的幻灯片，再进行一次上述操作即可。

图1-65 选择"隐藏幻灯片"命令

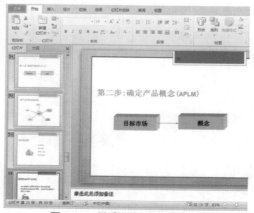

图1-66 所选幻灯片已被隐藏

2) 功能区按钮隐藏法

选择要隐藏的幻灯片，切换至"幻灯片放映"选项卡，如图1-67所示。单击"隐藏幻灯片"按钮即可隐藏所选幻灯片，如图1-68所示。

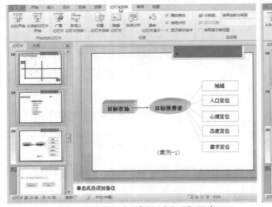

图1-67　"幻灯片放映"选项卡　　　　图1-68　单击"隐藏幻灯片"按钮

6. 删除幻灯片

对于演示文稿内多余的幻灯片，为了避免其误导观众、影响演讲效果以及占用计算机内存，需要将其删除。下面将对其相关操作进行介绍。

1) 通过右键快捷菜单删除

打开演示文稿，右键单击需要删除的幻灯片1，从弹出的快捷菜单中选择"删除幻灯片"命令，如图1-69所示。

2) 通过快捷键删除

选中需删除的幻灯片1，直接在键盘上按下Delete键即可完成删除操作，如图1-70所示。

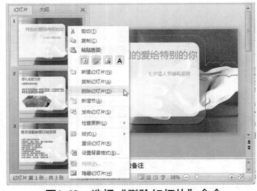

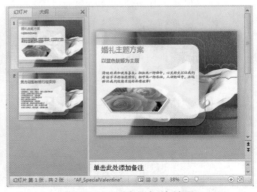

图1-69　选择"删除幻灯片"命令　　　　图1-70　删除幻灯片效果

1.2　高手经验

1.2.1　优秀PPT必备的要素

做PPT很简单，但是要想做一个精美的PPT则并不是一件容易的事。正所谓把鱼煮熟很简单，但要烹调出美味可口的鱼汤则要下一番工夫。对于厨师来讲，要有能做一手拿手好菜的本领，而作为经常与PPT打交道的人员来讲，则需要能做出拿得出手的演示文稿，即要把PPT做好。那么，评判一个PPT好坏的标准又是什么呢？

1．熟悉受众群体

在制作一个演示文稿之前，用户首先要了解受众群体，是老人、青年还是儿童？是政府官员、私企老板还是在校学生？是具有欧美文化背景的海归人士还是具有东方文化背景的博学之人？

受众将决定着你的演示文稿的结构、风格、配色以及演讲时的速度等。在制作的过程中千万不能以自我为中心，而是要充分考虑受众群体的年龄、职业、教育程度以及文化背景的差异，并且需要充分地顾及演讲时的环境。总之，好的演示文稿首先要适合绝大部分观众阅读。

2．合理的组织结构

演讲现场使用的PPT，其主要功能是辅助演讲。通常会多用图片和图表，少用文字，让观众可以赏心悦目地看，聚精会神地听，从而使演讲效果达到最佳。

对于用于直接阅读的PPT，就需要尽可能地使用简洁、清晰的描述性文字，引领读者进入角色，进而很好地体会PPT所阐述的内容。在演示文稿中每一页幻灯片都需要有清晰的讲解思路，以保证受众能够独自阅读PPT。

另外，在动画和特效的把握上也要做到恰到好处，避免使用过多的特效，太多的特效不仅会增大PPT文件的体积，还会打乱读者的阅读顺序，降低PPT的使用效果。

3．大方的配色方案

人的视觉对色彩极其敏感，好的配色在一个演示文稿中起着画龙点睛的作用。一个成功的演示文稿，整体配色应当协调美观，否则，再怎么精彩的内容也会被掩埋在糟糕的配色之下。那么在进行色彩的选择时应当注意哪些内容呢？总结如下：

- 在同一张幻灯片中，最好不要超过4种颜色，太多的颜色会使人眼花缭乱，分不清主次。
- 在一个演示文稿中，每张幻灯片不用非使用一样的主色调，但是，所有的色调应该彼此不冲突，具有一定的特征性。

- 演示文稿的配色还应当充分考虑到受众的个性以及演讲时的环境，若演讲的场所环境较暗，则应当使用较为明亮的颜色，否则会给人阴气沉沉的感觉。

4. 严谨的逻辑结构

我们都很容易听懂层次分明、具有逻辑性的话语，而思维混乱、前言不搭后语的话会让人听得一头雾水。可见，清晰的逻辑在演讲中的地位，无论你的演示文稿多么的精美绝伦，没有一个合理、清晰的逻辑，观众也只是看到了一幅很精美的画面，却读不懂画面所传达的信息。

要想使演示文稿具有清晰的逻辑关系，首先，需要对演讲的内容进行分析，将逻辑关系在心中或图纸上呈现出来；然后，在已有的框架上根据需要进行适当的调整；最后，可以将梳理完成的结构补充到页面中，根据列出的提纲进行制作。

1.2.2　选择模板的标准

模板是建造演示文稿这栋别墅的设计蓝图，这个"设计蓝图"的好坏将决定着这栋"别墅"的品质，就像别墅设计图一样，经过时间的锤炼，总会有一些经典款被大众所喜爱，这些经典款在PPT中就是内置模板。当然，随着PPT的广泛应用，PPT高手们使出浑身解数创造了无数的PPT模板，模板如过江之鲫之多，究竟要选择哪一条上你的饭桌呢？下面就来介绍如何选择模板这条大鱼。

1. 要符合企业形象

服装可以分为多种风格，欧美风、英伦风、日韩风，选择哪一种最好呢？当然是适合我们的那一种最好。PPT也是如此，制作的PPT要适合企业的形象。所谓企业形象是指企业希望留给观众的公众形象，例如，一般科技、医药公司等都希望留给公众严肃、专业的形象；广告公司、销售公司等都希望建立创意、活力的形象；而和女性相关的化妆品公司和服装公司都希望建立时尚、潮流的形象。请看图1-71和图1-72，你喜欢哪个呢？

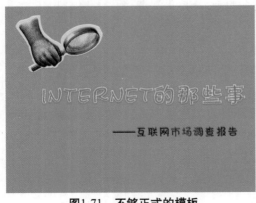

图1-71　不够正式的模板

图1-72　舒适、大方的模板

毫无疑问，大家都会选择右侧的PPT作为演讲使用，左侧的PPT应用了卡通字体、绿色背景以及图案构成的组合，会给人不够严谨、不正式的感觉，而右侧的模板则采用了清晰的图片和简单大方的字体，看起来清爽利落。

2. 要符合文稿主题

我们去参加化装舞会时，基本上每个舞会都会有一个主题，那么，参加的人的装扮必须要与舞会契合，演示文稿中的模板亦是如此，要根据你想要表达的内容来选择演示文稿模板，如图1-73所示。

图1-73　红蓝的经典组合，简单的背景切合演示文稿的主题

3. 要有醒目的视觉效果

那些死气沉沉的模板你还在使用么？你觉得厌倦，观众也疲劳了，记得那首歌词吧：只不过在人群中多看了你一眼，再也不能忘掉你容颜……我们的PPT要的就是这种效果，让观众在看到它的第一眼，就被深深地吸引，跟着你的演讲一起领略演示文稿的风情。例如，图1-74所示为视觉效果一般的PPT，而图1-75所示为视觉效果极佳的PPT。

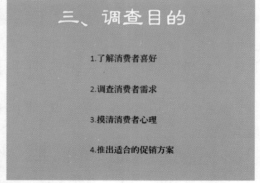

图1-74　视觉效果一般的PPT

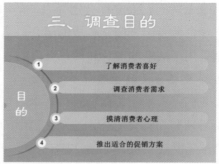

图1-75　视觉效果醒目的PPT

4. 切忌追求花哨的模板

虽然说PPT需要醒目的视觉效果，但是也要有度，过犹不及的道理大家都懂得，这就需要我们在选择模板时，不要一味追求炫目的视觉效果，要知道，模板终究是为了演示文稿内容而服务的，太花哨的模板会将内容掩盖，迷惑观众视线，如图1-76所示。

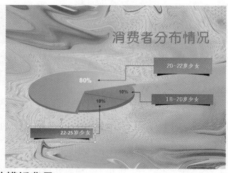

图1-76　花哨的模板背景

1.3　实例进阶

1.3.1　制作新员工入职培训手册

接下来将利用本章所学的知识，制作一个新员工入职培训的演示文稿。其具体操作步骤如下。

步骤1：打开PowerPoint程序，新建一个空白演示文稿，如图1-77所示。

步骤2：单击"设计"选项卡的"主题"组中的"其他"按钮，从展开的主题列表中选择"波形"主题，如图1-78所示。

图1-77　新建演示文稿

图1-78　选择"波形"主题

步骤3：在"单击此处添加标题"处单击鼠标，输入标题和副标题，如图1-79所示。

步骤4：在"幻灯片/大纲"窗格中单击第1张幻灯片将其选中，按Enter键添加第2张幻灯片，如图1-80所示。

图1-79　输入标题和副标题

图1-80　添加第2张幻灯片

步骤5：输入文本内容，并根据需要设置相应的字体，然后单击"开始"选项卡上的"复制"按钮，复制该幻灯片，如图1-81所示。

步骤6：将光标定位至"幻灯片/大纲"窗格中第2张幻灯片缩略图的下方后，单击"粘贴"按钮，如图1-82所示。

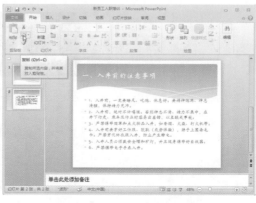

图1-81　单击"复制"按钮

步骤7：按照同样的方法添加多张幻灯片，并修改其中的文本内容，若添加幻灯片有剩余，可以选取要删除的幻灯片，按Delete键将其删除。

步骤8：选择第1张幻灯片，切换至"切换"选项卡，选择"切换到此幻灯片"中的"推进"效果，如图1-83所示。

步骤9：单击"全部应用"按钮，即可完成演示文稿的制作，如图1-84所示。此外，还可以单击"预览"按钮，预览切换效果，如图1-85所示。

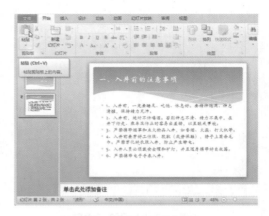

图1-82　单击"粘贴"按钮

图1-83　选择"推进"效果

图1-84　单击"全部应用"按钮

图1-85　预览切换效果

1.3.2　利用模板创建年度营销计划

下面介绍如何利用模板创建一个年度营销计划，具体操作步骤如下。

步骤1：打开PowerPoint，执行"文件>新建"命令，在右侧的"Office.com模板"列表中选择"中小企业"选项，如图1-86所示。

步骤2：单击"管理方案"文件夹，在打开的列表中选择"年度营销计划"选项，单击右侧的"下载"按钮，如图1-87所示。

图1-86　选择合适的模板类型　　　　图1-87　单击"下载"按钮

步骤3：下载完成后，将自动打开创建的演示文稿，如图1-88所示。

步骤4：切换至"设计"选项卡，单击"主题"组中的"其他"按钮，从展开的列表中选择"角度"主题，如图1-89所示。

图1-88　年度营销计划演示文稿　　　　图1-89　选择"角度"主题

步骤5：用户可以根据自己的需要，对幻灯片进行修改，例如，可以选择第3张幻灯片，然后在文本框中输入文本内容，如图1-90所示。

步骤6：选择文本框，执行"绘图工具—格式>形状样式>其他"命令，在展开的列表中选择"浅色1轮廓，彩色填充-青绿，强调颜色3"样式，如图1-91所示。

 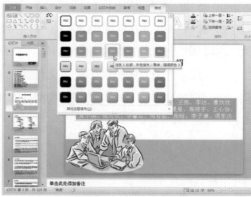

图1-90　输入文本内容　　　　　图1-91　应用形状样式

步骤7：依次设置其他幻灯片，将不必要的幻灯片删除，然后单击"快速访问工具栏"中的"保存"按钮，如图1-92所示。

步骤8：打开"另存为"对话框，设置保存路径、文件名以及保存类型，单击"保存"按钮，如图1-93所示。

图1-92　单击"保存"按钮　　　图1-93　设置保存路径、文件名、保存类型

1.4　技　巧　放　送

1. 在"幻灯片浏览模式"下快速移动幻灯片

当演示文稿内幻灯片张数很多时，在普通视图模式下调整会有些力不从心，这时，可以通过"视图>幻灯片浏览"命令，进入幻灯片浏览模式进行调整。其方法与普通模式下调整一致，如图1-94所示。

2. 打开多个演示文稿

打开"打开"对话框，按住Ctrl键不放的同时，单击鼠标左键选取多个文档，然后单击"打开"按钮，可一次性打开多个演示文稿，如图1-95所示。

在电脑磁盘中选中多个文档后右击，从其快捷菜单中选择"打开"命令，同样也可打开多个文件，如图1-96所示。

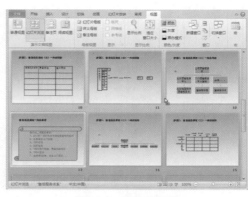

图1-94　移动幻灯片

图1-95　单击"打开"按钮

图1-96　右键快捷菜单

3. 快速演示文档

对于一个保存好的演示文稿，如果想快速播放，可以不用打开PowerPoint，而直接将文件的扩展名改为 .PPSX 或者 .PPS (2003以前版本) 即可。这样双击该文件，就是自动打开演示文稿进行播放。当然，也可以在保存文件时，就直接将文件保存为该格式。

4. 保存演示文稿的图片

右击需要保存的图片，在弹出的快捷菜单中选择"另存为图片"命令，打开"另存为图片"对话框，取名后保存即可。

5. 加密文稿

对于一些涉及公司重要数据的文稿，在保存时就要注意文档的保密性，如果需要将演示文加密保存，则可以在"另存为"对话框中单击"工具"按钮，选择"保存"选项，在打开的对话框中根据需要设置打开权限和修改权限的密码，然后再进行保存即可，如图1-97所示。

图1-97 通过"另存为"命令加密文档

注意：

　　如果设置了"打开权限密码"，以后使用者要打开相应的演示文稿时，必须输入正确的密码，否则不能打开。如果设置了"修改权限密码"，以后使用者在打开相应的演示文稿时，若要修改文档，则必须输入相应的权限密码，否则只能打开播放，而不能修改其中的内容。"打开权限密码"和"修改权限密码"可以相同，也可以不同。

　　对于已经保存过的文稿，也可以通过选择"文件"菜单中的"信息"命令，单击"保护演示文稿"图标，选择"用密码进行加密"命令，如图1-98所示，然后输入相应的密码来加密。

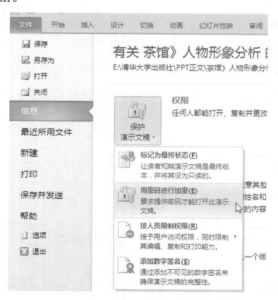

图1-98 加密已保存过的文档

第2章
PPT的色彩与构图艺术

  在设计演示文稿时，色彩的搭配和PPT构图是整个演示文稿制作成功的重点，失败的配色会让用户失去观看演示文稿的兴趣，同样，糟糕的构图也会让受众感到厌烦。因此，一个好的演示文稿，不仅需要一个成功的配色方案，同时也需要在构图上下一番工夫。本章将对色彩在PPT中的应用、PPT的布局结构、PPT的构图基础等内容进行介绍。

2.1 知识点突击速成

2.1.1 色彩在PPT中的应用

色彩的运用是美化PPT的基础，一个色彩搭配平凡的PPT毫无吸引力可言，演示文稿主题色、背景色以及幻灯片中形状、图片、文字等对象的颜色搭配，关系到整个演示文稿是否可以吸引观众的眼球，为此，从本节起将对色彩在PPT中的应用进行介绍。

1. 色彩的基础知识

色彩是以光为媒体的一种感觉，是人在接受光的刺激后，视网膜的兴奋传送到大脑中枢而产生的感觉，有光才有色，下面首先了解一下有关色彩的基础知识。

1) 色彩的分类

根据色彩特性，色彩一般分为无彩色(消色)和有彩色两大类。无彩色是指白、灰、黑等不带颜色的色彩，即反射白光的色彩，如图2-1所示。有彩色是指红、黄、蓝、绿等带有颜色的色彩，如图2-2所示。

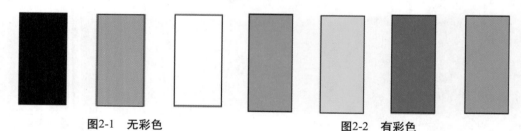

图2-1　无彩色　　　　　　　　图2-2　有彩色

2) 色彩的属性

色彩有三个属性，即色相、明度和纯度。下面分别对这几种属性进行介绍。

(1) 色相

色相是指某一色彩呈现的相貌。正是由于色彩具有这种具体相貌的特征，我们才能感受到一个五彩缤纷的世界。如果说明度是色彩的骨骼，色相就很像色彩外表的肌肤。色相体现着色彩外向的性格，是色彩的灵魂。任何一个色相都可以作为主色与其他色组成互补色、类似色等，色相通常有以下几类。

- 三原色：指光谱中不能用其他颜色调配而成的红、黄、蓝色，如图2-3中圆环中心的三角形内的颜色所示。

- 间色：指光谱中的橙、绿、紫色等，它们由两种原色调配而成，也叫二次色，如图2-3中圆环以内三角形之外的颜色所示。
- 类似色(同类色)：色环中相距45°以内的颜色。
- 互补色：色环中相距180°的两个色相。
- 冷暖色：以人的情感来分。红黄系属于暖色、蓝紫系属于冷色、绿色系属于中性色。

在PPT中，用户可以通过"颜色"对话框设置字体的颜色，其中包括"标准"和"自定义"两个选项卡，如图2-4所示。

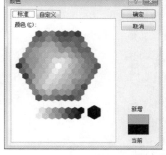

图2-3　十二色环　　　　图2-4　"标准"和"自定义"选项卡

(2) 明度

明度又称亮度，是指色彩的明亮程度，在无彩色中，明度最高的色为白色、明度最低的色为黑色，中间存在一个从亮到暗的灰色系列。在有彩色中，黄色为明度最高的色，紫色为明度最低的色。

在PPT中的"颜色"对话框中，明度可以通过调整"自定义"选项卡中颜色框右侧的明度滑块进行调节，三角形滑块越往上调节明度越高，反之亦然，如图2-5所示。

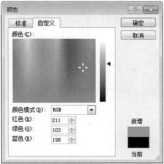

图2-5　调节颜色的明度

(3) 纯度

纯度又称彩度，指的是色彩的鲜艳程度。任何一种色相，如果不含白色、黑色和灰色，它的彩度是最高的。我们的视觉能辨认出的有色相感的色，都具有一定程度的鲜艳度，比如绿色。当它混入了白色时，虽然具有绿色相似的特征，但其鲜艳度降低了，明度提高了，成为淡绿色；当它混入黑色时，鲜艳度也降低了，明度变暗了，成为暗绿色；当混入与绿色明度相似的中性灰时，其明度没有改变，纯度降低了，成为灰绿色。

纯度变化系列是通过一个水平的直线纯度色阶来表示的——表示一个颜色从它的最高纯度色到最低纯度色之间的鲜艳与混浊的等级变化，如图2-6所示。

高彩度 ——————————————————→ 低彩度

图2-6 彩度的调节

2. 色彩搭配艺术

要设计一个完美的演示文稿，就一定不能忽略颜色的搭配。在实际运用的过程中，用户通常会根据自身的性格特点设计演示完稿，这就会导致色彩具有片面性，例如演示文稿的颜色偏鲜艳或者清冷。那么如何才能完成一个合理的配色方案呢？下面我们分别从色彩的感觉和色彩的搭配技巧来分析。

1) 色彩的感觉

为了克服用户常常以个人感受来设计演示文稿的弊端，让设计完成的演示文稿可以适合各种观众的需求，用户在设计演示文稿之前，首先需要了解一下不同色彩给人带来的感受。

(1) 色彩的情感感受

不同的色彩会给人带来不同的情感感受，通常各种颜色给人的情感感受如表2-1所示。

表2-1　色彩的情感感受

名称	举　例	情感感受	应用场合
红色	大红　桃红　砖红　玫瑰红	热情、活泼、热闹、革命、温暖、幸福、吉祥、危险	媒体宣传、企业形象展示、警示标志、政府部门文件等
橙色	鲜橙　橘橙　朱橙　香吉士	光明、华丽、兴奋、甜蜜、快乐	工业安全用色、服饰等方面
黄色	大黄　柠檬黄　柳丁黄　米黄	明朗、愉快、高贵、希望、发展、注意	交通指示、大型机械
绿色	大绿　翠绿　橄榄绿　墨绿	新鲜、平静、安逸、和平、柔和、青春、安全、理想	服务业、卫生保健、工厂等场所
蓝色	大蓝　天蓝　水蓝　深蓝	深远、永恒、沉静、理智、诚实、寒冷	商业设计、科技产品
紫色	大紫　贵族紫　葡萄酒紫　深紫	优雅、高贵、魅力、自傲、轻率	与女性相关产品和企业形象的宣传
白色	白色	纯洁、纯真、朴素、神圣、明快、柔弱、虚无	科技产品、生活用品、服饰，可以和任何颜色相搭配
灰色	大灰　老鼠灰　蓝灰　深灰	谦虚、平凡、沉默、中庸、寂寞、忧郁、消极	和金属相关的高科技产品
黑色	黑色	崇高、严肃、刚健、坚实、粗莽、沉默、黑暗、罪恶、恐怖、绝望、死亡	科技产品、生活用品和服饰的设计
褐色	茶色　可可色　麦芽色　原木色	优雅、古典	传达商品的原料色泽以及原始材料的质感

(2) 色彩的空间感

在对演示文稿进行设计时，除了心理感觉之外，不同的颜色还会给观众带来不同的空间感。造成空间感的主要因素是色彩的前进和后退感，暖色系有前进感，冷色系有后退感，如图2-7所示。

图2-7　色彩的空间感

色彩的前进和后退感还与图形的背景色有关，同样的两个图形，背景为黑色时，明亮颜色的图形有向前进的感觉；背景为白色时，则偏暗的图形有向前进的感觉，如图2-8所示。

(3) 色彩的大小感

造成色彩大小感的主要因素同样是色的前进和后退感，同样大小的图形，暖色和明色看起来偏大；而冷色和暗色则看起来偏小，如图2-9所示。

图2-8　背景影响色彩的空间感　　　　图2-9　色彩的大小感

除此之外，色彩还有轻重感和软硬感。其中，影响色彩轻重感的是明度，明度相同时，彩度越高，感觉越轻；从色相方面来讲，暖色重，冷色轻。但是影响色彩软硬感的主要是明度和彩度，和色相关系不大，明度高彩度低的色彩具有柔软的感觉，例如粉红色，明度低彩度高的色彩具有坚硬感，例如紫色、蓝色和红色。

2) 色彩搭配技巧

在设计演示文稿的过程中，有一些最基本的搭配技巧和用户分享一下，包括善用主题色、合理选择背景色、不滥用色彩、有选择性地选择色彩等。

(1) 善于利用主题颜色

在设计演示文稿时，若用户对色彩的把握还不够熟练，可以使用系统预定义好的颜色方案来设置演示文稿的格式，如图2-10和图2-11所示。

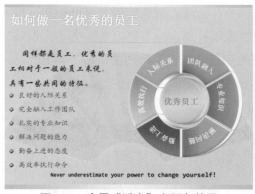

图2-10 应用"活力"主题色效果

图2-11 应用"透视"主题色效果

(2) 合理选择背景色

在选择背景色时要结合演示文稿中文字、图形等相关对象的颜色进行选择，如图2-12和图2-13所示。从两幅图的对比可以看出，图2-13在背景色的选择上与图表的色彩更能融为一体，同时显得更加专业。

图2-12 应用背景色不当

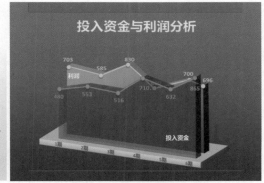

图2-13 应用合适背景色

另外，可以考虑使用图片和纹理作为演示文稿的背景色。恰当的纹理或图片背景比纯色背景具有更好的效果，如图2-14和图2-15所示。

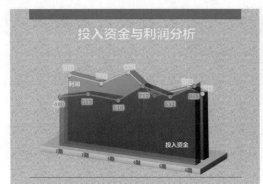

图2-14 使用纹理作为背景

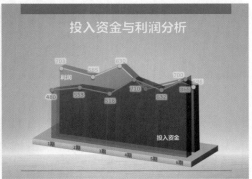

图2-15 使用图片作为背景

如果使用渐变填充，可以考虑使用近似色；构成近似色的颜色可以柔和过渡并且不会影响前景文字的可读性。也可以通过使用补色进一步突出前景文字。但是，千万不要使用对比过于强烈并且相互冲突的颜色，从图2-16和图2-17两幅图的对比可以看出，在图2-16中，由于渐变的过渡颜色过于绚丽，反而使得整个页面失去了美感和专业性。

图2-16　过分绚丽的渐变背景　　　　图2-17　简单渐变背景

（3）不滥用色彩

在同一个演示文稿中，切忌文本颜色、图形填充以及幻灯片背景使用多种相互冲突的色彩，以免观众眼花缭乱，且无法突出重点，如图2-18所示。其实相似的颜色也能产生不同的作用，颜色的细微差别可以使信息内容的格调和感觉发生变化，如图2-19所示。

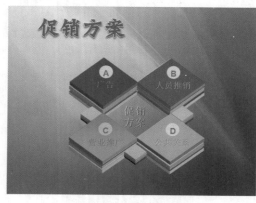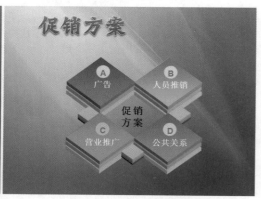

图2-18　滥用色彩　　　　　　　图2-19　合理运用色彩

需要注意的是，一些颜色虽然有其惯用的含义，例如红色表示警告，而绿色表示认可。但是由于这些颜色在不同的国家具有不同的含义，使用前需要充分了解受众的背景。

(4) 针对听众选择颜色

政府部门、事业单位、年长者及国有企业的领导一般都偏爱较艳丽的颜色，而年轻人、学历较高以及西方文化背景的人则会偏爱清淡一些的颜色，用户在制作演示文稿之前，一定要弄清自己的演示文稿将要演示给哪些人看，除此之外，还要留意周边的环境，例如，灯光墙壁颜色等是否会影响显示效果。

综上所述，关于PPT的配色总结如下。

第一，整个PPT页面最好不要超过四种以上的颜色，过多的色彩会让整个PPT失去应有的表达能力。

第二，采用的颜色不能相互冲突，最好能做到相互协调、互相统一。

第三，不能随心所欲地创造一些颜色，应使用一些已经被人们广泛接受的颜色。

第四，应当充分考虑观众对色彩的感知能力，使每个观众都可以身心愉悦地观赏整个演示文稿。

2.1.2　PPT的布局结构

同样的内容、同样的图片，不同布局结构的演示文稿，给读者带来的视觉效果以及传达给观众的思想也有可能是不同的。对于PPT来说，一个合理的布局结构是非常重要的。人们常用的幻灯片布局结构有标准型、左置型、文字型、斜置型、中图型、圆图型、中轴型、棋盘型、全图型等，下面介绍其中常见的几种布局结构。

1. 标准型布局

最常见的幻灯片布局为标准布局，即遵循从上到下的排列顺序。这是由于自上而下的排列结构符合人们的心理顺序和思维活动的逻辑顺序，可以产生良好的阅读效果，如图2-20所示。

2. 左置型布局

左置型布局是一种常见的版面编排类型，它往往将纵长型图片或图表放在版面的左侧，与右侧横向排列的文字形成强有力的对比。这种布局结构非常符合人们视线的移动规律，因而应用也比较广泛，如图2-21所示。

图2-20　标准型布局

图2-21　左置型布局

3. 文字型布局

在某些时候，用户希望可以传达某些信息，其中文字是版面的主体，其余的图片或者页面背景等只是作为衬托。为了使文字具有更强的感染力，且便于阅读，此时就需要对字体、字色、字号等作出设置，如图2-22所示。

4. 斜置型布局

在布局时，将全部图形或图片的右边(或左边)作适当的倾斜，可使视线上下流动，画面产生动感，可以让呆板的画面活跃起来，如图2-23所示。

图2-22　文字型布局

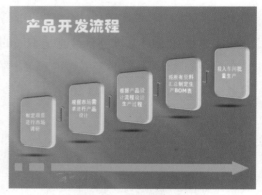

图2-23　斜置型布局

5. 圆图型布局

以正圆或半圆构成版面的中心，在此基础上按照标准型顺序安排标题、说明文本以及其他对象，可以吸引读者目光，突出重点内容，如图2-24所示。

6. 中轴对称型布局

将标题、图片、说明文与标题图形放在轴心线或图形的两边，这样便显示出了良好的平衡感，如图2-25所示。

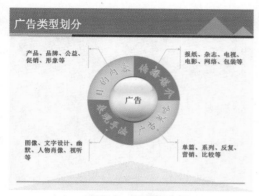

图2-24　圆图型布局

图2-25　中轴对称型布局

上述介绍的只是单个幻灯片的布局结构，用户在制作一个演示文稿之前，首先需要想清楚整个演示文稿的内容，然后列出大纲，根据大纲合理分配页数，当页码太多时，还可以将正文分为多个小节。一般来说，一个完整的演示文稿会包括目录页、导航页、正文页和结尾页四个部分。用户可以采用总分式、叙事式、场景式等多种结构的方式来完成一个演示文稿。

2.1.3　PPT构图基础

PPT构图是PPT创作的一个重要部分，又是创作过程中的一个不可缺少的环节，更是将演示文稿内各个部分组合成一个整体的一种形式。构图既要充分考虑作品内容又要传达出作者内心的感受，并同时符合大众的审美法则。构图的概念和法则，与审美意识、艺术观念、理论及风格密切相关。

1. 构图法则

无论是何种类型、何种风格、何种性质的演示文稿，都应当遵循以下几种原则来进行构图。

1) 元素与主题密切相关

演示文稿中的一切对象都必须与当前主题相关联，或衬托主题、或点明主题，但是不可在其中加入与主题无关的元素，否则会有画蛇添足之嫌，如图2-26所示。作为一个提案书的首页，只要做到简洁大方，主题鲜明即可。相比图2-26，图2-27中去除了多余的"锦绣年华项目提案书"

图2-26　包含无关元素

43

字样以及下面的口号，而是把"项目提案书"这几个字重点突出，这样一来，就使得该页显得更加大气、专业。

2) 各组成元素不可过于分散

演示文稿内各组成元素应保持密切的联系，否则会导致相互关系表达混乱，无法传达出想要表达的主题，例如图2-28和图2-29的对比中，后者利用了几何图形将文字主题有效地整合在了一起，其效果一目了然。

图2-27 所有元素与主题相关

图2-28 组成元素分散

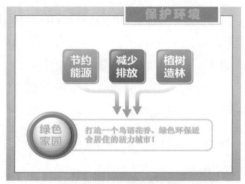

图2-29 组成元素关系密切

3) 主题内容突出显示

在组织元素表达中心内容时，应当合理安排各元素之间的关系，利用文字的艺术效果、图片的调整、图形的特殊效果等将重点内容突出显示。如图2-30和图2-31所示，后者采用了立体球形将产品特点一一列出，并排列在一个椭圆体上，不仅突出了主题，同时也使得画面更具动感，更好地吸引受众的眼球。

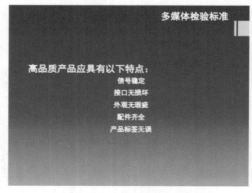

图2-30 主题内容不突出

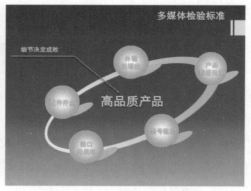

图2-31 主题内容突出显示

4) 各元素相互协调统一

整个演示文稿中的所有元素，应当是既有变化又有统一的一个整体，应当利用几何体、明暗、线条、色彩等因素的对比协调规律，以及平面构成、空间处理等手段，使整个演示文稿活泼生动、时尚新颖，并具有最佳的艺术感染力。从图2-32和图2-33的对比中可以看到元素协调的重要性，后者有效利用了几何图形将图片与图形完美地融合在了一起，各景点之间采用了粗线条进行连接，图形大小各异，错落有致，更具美感。

图2-32　杂乱无章的元素组合

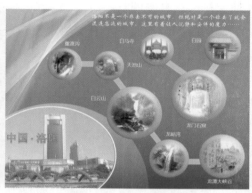

图2-33　各元素和谐统一

2. 构图原理

PPT构图与平面构图有着相似之处，在PPT构图中同样有均衡、对比统一、对称、节奏等原理。

1) 均衡原理

均衡是PPT构图中一项最基本的原理，通过各种元素的摆放、组合，使画面通过人的眼睛，在心理上感受到一种物理的平衡(比如空间、重心、力量等)，均衡是通过适当的组合使画面呈现"稳"的感受，通过视觉而产生形式美感。从明暗调子来说，一点黑色可以与一片淡灰获得均衡。黑色如与白色结合在一起时，黑色的重量就会减轻。从色彩的关系来说，一点鲜红色，可与一片粉红或一片暖黄色取得均衡。PPT整个画面的均衡感是各种因素复杂地综合在一起而产生的，如图2-34和图2-35所示。

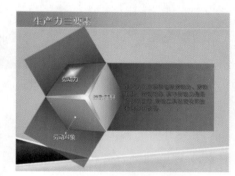

图2-34　失去均衡的画面

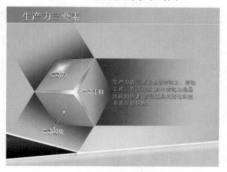

图2-35　均衡的画面

2) 对比统一原理

构图中的变化与统一，也可以称为对比与协调。在PPT构图中，常常会通过对比来追求变化，通过协调来获得统一。如果忽略这一原理，就会失去变化统一的效果，表达的主题就不会生动，也不可能获得最完满的形式美感。PPT画面中的变化因素很多，包括视点、位置、形状、明暗等。那么，对比的因素，如何在构图处理上达到统一协调的效果呢？画面中较多的对比形式因素需要交错处理，产生呼应，才能使对比具有协调感。

协调是近似的关系，对比是差异的关系。对比要通过画面中各因素的倾向性和近似的关系，来获得协调感。以协调与统一占优势的构图，也必定有处理某些变化的因素，使整个画面不致单调而有生动感，如图2-36和图2-37所示。

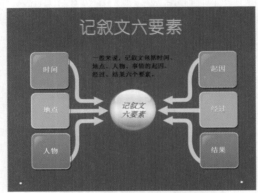

图2-36　失去对比统一的画面

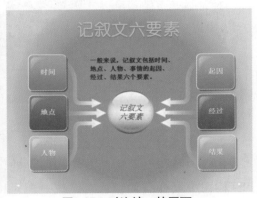

图2-37　对比统一的画面

3) 节奏

节奏鲜明的构图可以让整个画面动起来，变得趣味、活泼，摆脱呆板、乏味的形象。

例如，明暗可以带给整个画面节奏感，明暗是指最深的暗调子至最淡的明调子之间的各种明暗层次。暗色调的交错，可以获得画面的变化与均衡，产生节奏韵律感。常常采用暗的背景衬托明亮的主体、明亮的背景衬托较暗的主体或者是中间色调衬托明暗对比鲜明的主体物，构图的明暗形式处理必须服从表达主题的情境需要。同时也要运用明暗对比手段，显示出构图的主体部分和陪衬部分的正确关系。也可以同时运用多种明暗对比因素的构图形式，去处理复杂的题材，表现重大的主题，如图2-38和图2-39所示。

图2-38　毫无节奏感的画面

图2-39　充满节奏感的画面

2.1.4　平面中的点、线、面

构成平面的最基本元素是点，线则是点移动的轨迹，而面则由线组成。下面将对幻灯片页面中的点、线、面进行阐述。

1．点

在几何学中，点是只有位置而无面积和形状的最小单位，而在平面构成中，点是在对比中存在的，是相对周围面积而言很小的视觉形象，是一切形态的基础。点一般被认为是最小的并且是圆形的，但实际上点的形式是多种多样的，有圆形、方形、三角形、梯形、不规则形等，自然界中的任何形态缩小到一定程度都能产生不同形态的点。

点的基本属性是注目性，点能形成视觉中心，也是力的中心。也就是说当画面有一个点时，人们的视线就集中在这个点上，因为单独的点本身没有上、下、左、右的连续性，所以能够产生视觉中心的视觉效果，如图2-40所示。

图2-40　充满节奏感的画面

在PPT中，利用点的视觉特征，可以吸引观众的视线，例如可以使用点标示某些重要数据或者突出显示某个重点内容等，如图2-41和图2-42所示。

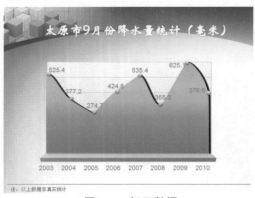

图2-41　标示数据

图2-42　显示重点内容

2. 线

在几何学中，线只具有位置、长度而没有宽度和厚度。通过点的移动可以得到线，但是线的存在具有不可替代性，在平面中，多种多样的线条让平面具有条理感。线和点一样，也是相对的概念，太短为点，太宽为面，具有位置、长度、宽度、方向、形状和性格等属性，线在平面构成中起着非常重要的作用，线在一个平面中加粗到一定程度的时候，我们往往把这个线看成是一个面或一个长方形。

线概括起来分为直线和曲线两大类。其中，直线可分为垂直线、水平线、斜线、折线、平行线、虚线、交叉线。曲线可分为几何曲线(弧线、旋涡线、抛物线、圆)和自由曲线。

直线具有男性的特点，有力度、稳定。直线中的水平线平和、寂静，可以让人联想到风平浪静的水面，远方的地平线；而垂直线则使人联想到树、电线杆、建筑物的柱子，有一种崇高的感受；斜线则有一种速度感。直线还有粗细之分，粗直线有厚重、粗笨的感觉；细直线给人一种尖锐、神经质的感觉，如图2-43所示。

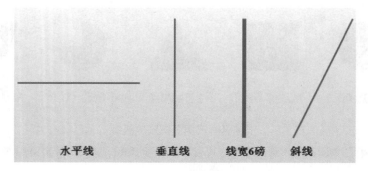

图2-43　直线

曲线富有女性化的特征，具有丰满、柔软、优雅、浑然之感。几何曲线是用圆规或其他工具绘制的具有对称和秩序的、规整的美。自由曲线是徒手画的一种自然的延伸，自由而富有弹性，如图2-44所示。

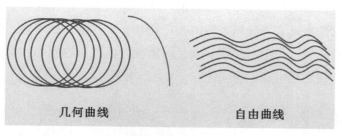

图2-44 曲线

在PPT中，线的应用极其广泛，可以用直线来绘制折线图，如图2-45所示；也可以用直线和曲线来绘制形状，如图2-46所示。

图2-45 绘制折线图　　　　　　　图2-46 绘制LOGO

可以通过线的长短、粗细、位置、方向、疏密、明暗调性等因素，以重复、渐变、发散等规律化的形式构成面，以追求丰富生动、灵活多变的视觉效果，如图2-47和图2-48所示。

图2-47 初始效果　　　　　　　图2-48 使用线形成面的效果

3. 面

面是线或点连续移动至终结而成的形状，有长宽、位置，但无厚度，是体的表面，受线的界定。面的形态是多种多样的，不同形态的面，在视觉上有不同的作用和特征，直线形的面具有直线所表现的心理特征，有安定、秩序感、男性的性格。曲线形的面具有柔软、轻松、饱满、女性的象征。偶然形的面如：水和油墨泼洒产生的形状等，比较自然生动，有人情味，如图2-49所示。

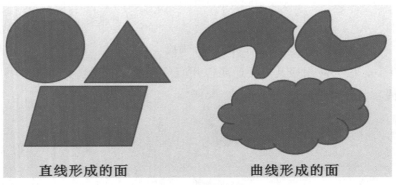

图2-49　线形成面

在平面中，任何封闭的线都能勾画出一个面，如果只有轮廓，内部未加填充，则虽有面的感觉，但是不充实，往往给人通透、轻快的感觉，没有量感。填充的面则给人以真实、充实和量的感觉。面的边界线即轮廓是决定面的形态特征的关键。面的形态体现了整体、厚重、充实、稳定的视觉效果，不同形状的面又会产生不同的视觉效应，如图2-50所示。

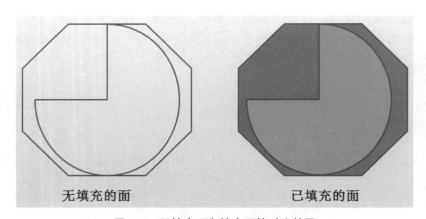

图2-50　无填充面和填充面的对比效果

面与面相互构成会向立体和空间状态转化，经过转化的面形态充实、有力，且富有厚重的性格特色，如图2-51所示。若把面形态置于不直接触目的画面部分，如，图中的底部就会显得含蓄并且带有一种诗意的美，如图2-52所示。

图2-51　面的空间感

图2-52　面的显示效果

2.1.5　基本平面构成

平面构成是一种造型概念，其含义是将不同形态的几个单元重新组合构成一个新的单元，在PPT中，经常会使用平面来对整个幻灯片版面进行划分，安排布局结构。构成幻灯片版面的方法有多种，下面介绍几种常用的方法。

1. 重复构成

在制作演示文稿中的目录、流程、关系型等图形的过程中，经常会不断地使用同一个形状来构成画面，这种相同的形象出现两次或两次以上的构成方式叫做重复构成。这种重复在日常生活中到处可见，如高楼上的一扇扇窗子。基本形重复后，其上下、左右都会相互连接，从而形成类似而又有变化的图形。多种多样的构成形式生成千变万化的形象，使得画面丰富且具有韵律感，如图2-53和图2-54所示。

图2-53　重复构成目录图表

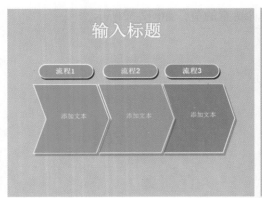

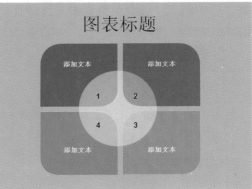

图2-54　重复构成流程图表

2. 渐变构成

除了重复构成外，渐变构成同样是用户在制作PPT时经常采用的构成方式，渐变构成是以类似的基本形或骨骼，渐次地、循序渐进地变化，呈现一种有阶段性的、调和的秩序。在渐变构成中，其节奏与韵律感的安排是至关重要的。如果变化得太快就会失去连贯性，循序感就会消失；如果变化得太慢，则又会产生重复感，缺少空间透视效果。

在制作幻灯片时，渐变构成是深受用户喜爱的一种构成方式，充分利用渐变效果，遵循构图法则，可以构造出华丽动感的画面，如图2-55和图2-56所示。

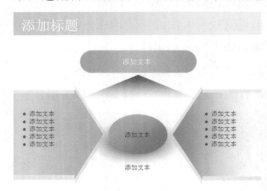

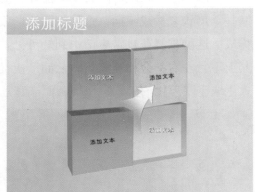

图2-55　渐变构成效果1　　　　　　　　图2-56　渐变构成效果2

3. 发射构成

发射构成是一种特殊的重复，是基本形或骨骼单位环绕一个或多个中心点向外或向内集中。发射也可以说是一种特殊的渐变。发射构成有两个基本的特征：第一，发射具有很强的聚焦，这个焦点通常位于画面的中央；第二，发射有一种深邃的空间感、光学的动感，使所有的图形向中心集中或由中心向四周扩散。

在一张幻灯片中，若需要突显内容，可以采用该构成方式，将需要突出显示的内容作为构图的中心点，其他辅助说明内容作为辐射即可，如图2-57和图2-58所示。

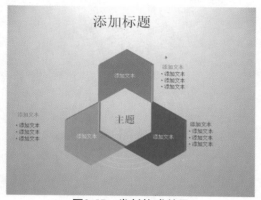

图2-57　发射构成效果1

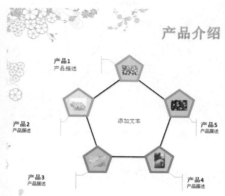

图2-58　发射构成效果2

若需要突出显示某些重点内容，可以采用向外或者向内辐射的方式，并排显示这些内容，如图2-59和图2-60所示。

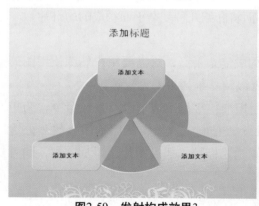

图2-59　发射构成效果3

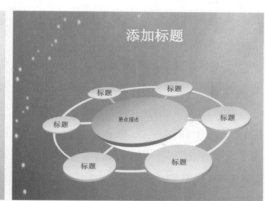

图2-60　发射构成效果4

53

4. 特异构成

特异构成同样是建立在重复的基础上，其中的某个形态突破了骨骼和形态规律，产生了突变，这种整体的有规律的形态群中，有局部突破和变化的构成叫特异构成。特异和重复、渐变构成有着密切的关系，特异的形态往往可以带来视觉上的惊喜和刺激。

在PPT中，若需要在若干个并列关系的对象中突出显示某一对象，可以采用特异结构，如图2-61和图2-62所示。

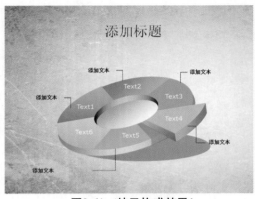

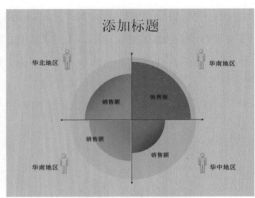

图2-61　特异构成效果1　　　　　　　　**图2-62　特异构成效果2**

2.1.6　复杂平面构成

　　平面与平面相互重叠交错组合而成的复杂平面常常会具有空间感，除此之外，还可以使用线、点的渐变形式来完成。

　　在制作幻灯片时，为了增强幻灯片的视觉效果，往往会使用多个面重叠而成的方式来构成一个复杂的平面，以烘托主题。下面将介绍几种复杂平面构成的幻灯片。

　　1. 线条和平面构成

　　充分利用线条和平面相互组合，可以构成复杂平面，这需要用户熟练使用图形的插入、三维格式的设置、渐变填充的设置以及三维效果的设置等。

　　例如图2-63所示的初始效果，如果利用矩形、平行四边形以及直线命令，为矩形设置一个快速样式效果，平行四边形设置渐变填充效果，然后利用直线划分边界，即可构成一个平面，然后在合适的位置输入标题、插入图片、添加文本，即可做出一个展览型的幻灯片，如图2-64所示。

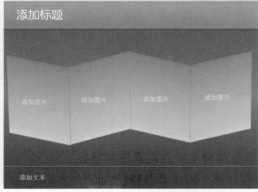

图2-63　初始效果　　　　　　　　**图2-64　构成复杂平面**

2. 平面重叠构成

利用多个平面的相互重叠，可以构造出具有明暗效果、立体感的画面。如图2-65所示为一个空白主题的演示文稿，通过图形的绘制、填充，调整图形叠放次序后，可形成一个动感时尚的幻灯片画面，如图2-66所示。

图2-65 初始效果　　　　　　　　图2-66 构成复杂平面效果

图2-67所示为一个演示文稿的目录页，利用多个图形重叠而成的金字塔形构成的画面比之前的画面更加引人注目、美观，如图2-68所示。

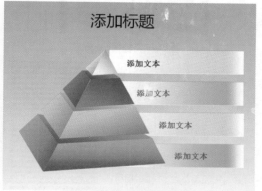

图2-67 初始效果　　　　　　　　图2-68 构成立体效果

55

2.2 高手经验

2.2.1 色彩选择的艺术

人的眼睛对于色彩的感知速度优于对文字的感知速度，因此，对于一个优秀的演示文稿，配色是很关键的，但是，对于很多没有接受过色彩培训，色彩敏感度不强的人来说，如何才能配出好的色彩呢？下面就来介绍几种简单选择色彩的方法。

1. 根据公司Logo和VI搭配色彩

Logo是现代企业的标志，代表着一个企业的形象，其配色和形状都是经过设计师反复思考设计而成的，而公司的VI手册一般都会规定几种企业标准色。因此选用色彩时，可以参考公司的Logo、VI手册以及网站的色彩搭配。

下面为一个餐饮连锁机构的模板进行配色，企业Logo为红黑色搭配，如图2-69所示。

很显然，图2-70和图2-71所示的两个方案与公司Logo配色不一致，应选用图2-72所示的方案。

图2-69　公司Logo

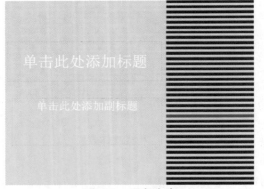
图2-70　配色方案1

图2-71　配色方案2

图2-72　配色方案3

2. 根据行业特色选择色彩

在选择色彩时，还应根据行业的不同来进行选择，如果经常留意电视广告和商业PPT模板，用户会发现，不同行业的广告和PPT选色会各有偏爱，且用色能体现出该行业的特点。

　　例如，与电子相关的产业，为表现其理性和科技感，通常会采用蓝色、灰色、黑色等比较冷静、稳重的色彩，如图2-73所示。在医药行业，则通常会采用绿色、橙色、蓝色等让人感觉平静、安心的色彩，如图2-74所示。

图2-73　电子科技行业的应用　　　　图2-74　医药行业的应用

　　而需要创意类的广告、传媒行业多采用红色、黑色、白色、灰色等简单、醒目的颜色相互搭配，来体现其自身追求时尚和创意的感觉，如图2-75所示。在和物流相关的行业中多用暖色，例如，红色、橙色、黄色都深受制作者的喜爱，如图2-76所示。

图2-75　广告行业应用　　　　　　图2-76　物流行业应用

3. 根据色彩的基本属性选择

　　前面已经介绍过，不同色彩带给人的感觉是不同的，用户可根据色彩的不同属性来进行选择。

　　红色代表着热情、革命、温暖、健康、活泼等感觉，如图2-77所示；而黑色有着庄重、时尚、厚重的感觉，和任何颜色搭配都不冲突，如图2-78所示。

图2-77　使用红色作为主色调　　　图2-78　使用黑色作为主色调

　　绿色带给人新鲜、安逸、平静、活力、环保和生命力，如图2-79所示。橙色给人舒适、温暖、明亮的感觉，如图2-80所示。

图2-79　使用绿色作为主色调　　　图2-80　使用橙色作为主色调

　　白色洁白无染、简单纯洁，经常和其他颜色相互搭配，如图2-81所示，黄色节奏鲜明、活泼积极，给人很强的愉悦感，如图2-82所示。

图2-81　使用白色作为主色调　　　图2-82　使用黄色作为主色调

　　紫色神秘、高贵，给人极强的华丽感，如图2-83所示。灰色虽然会有消极感，但是却有着专业、冷静的特点，如图2-84所示。

58

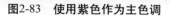

图2-83　使用紫色作为主色调　　　　图2-84　使用灰色作为主色调

2.2.2　配色的艺术

1. 不要小看单一的背景色

在制作PPT时，不能为了追求抢眼效果而设置过分缤纷的背景，因为太过炫目的效果会夺走观众的视线，演示文稿的最终目的是演示，从观众的视线看来，单一的背景色搭配适宜的文字颜色和字体，会产生更佳的视觉效果，如图2-85所示。

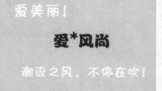

图2-85　不同背景的PPT显示效果

很显然，最中间的橙色背景的一页更能吸引观众，放映效果也最佳。

2. 利用同色系的明暗变化配色

如果对色彩的把握能力不够强，又觉得单一色的背景单调，可以使用同一色系的色彩设置渐变背景、构成层次、划分区域等，如图2-86所示。

图2-86　同色系明暗变化

3. 单一色配合白色的应用

穿衣搭配时，白色的衣服往往是最好和其他衣服进行搭配的，白色系是放心系，这在PPT中也是同样的道理，白色可以和任何颜色搭配，白色的加入，可以让整个画面顿时清爽起来。

例如，在红色中加入少量的白色，会使其性格变得温柔，趋于含蓄、羞涩、娇嫩，如图2-87所示。在紫色中加入白色，可使紫色沉闷的性格消失，变得优雅、娇气，并充满女性的魅力，如图2-88所示。

图2-87　红色+白色　　　　　　　图2-88　紫色+白色

在绿色中加入白色，其性格就趋于洁净、清爽、鲜嫩，如图2-89所示。在黄色中加入少量的白色，其色感变得柔和，其性格中的冷漠、高傲被淡化，趋于含蓄，易于接近，如图2-90所示。

图2-89 绿色+白色   图2-90 黄色+白色

4. 其他经典配色

黑+灰+黄，具有严谨、专业的特点，又可以显示出极强的力量感，如图2-91所示。

深红+灰+白，醒目、独特，加入适量的灰色可以使整个画面的冲突感降低，如图2-92所示。

图2-91 黑+灰+黄   图2-92 深红+灰+白

灰+洋红(湖蓝)+白(黑)，潮流时尚之感迎面而来，因为灰色调的加入，整个画面又稳重起来，如图2-93所示。

灰+橙(黄)+白，时尚又不乏大气之感，动感而又专业，如图2-94所示。

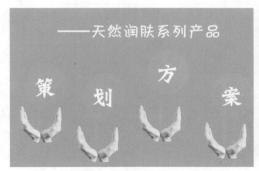

图2-93 灰+洋红+白   图2-94 灰+黄+白

5. 学会取人之长

当你为了配色纠结、痛苦不堪时，让我偷偷告诉你一个绝招吧，好多懒人都是这样做的，那就是搜索一些网站和图书的封面，借鉴他们的配色运用于自己的演示文稿中，例如图2-95和图2-96所示的参考图书封面和网站配色制作的演示文稿。

图2-95　借鉴图书封面配色

图2-96　借鉴网站配色

另外，PPT模板中保存的配色方案都是经过千锤百炼深受广大用户喜爱的配色，可以将其"窃取"过来据为己有，只需打开该模板后，单击"设计"选项卡中的"颜色"按钮，选择"新建主题颜色"命令，然后为该配色方案起一个简单明了的名字，将其保存，以后就可以随心而欲地使用它了！

2.2.3　设计版式的原则

1. 避免陈旧、平淡

输入文本时，你还在使用"在此处添加文本"这个老得不能再老的方法么？死板传统地套用模板的方法，会让PPT毫无新鲜感，如图2-97所示。应当根据实际情况，设计正文内容版式，如图2-98所示。

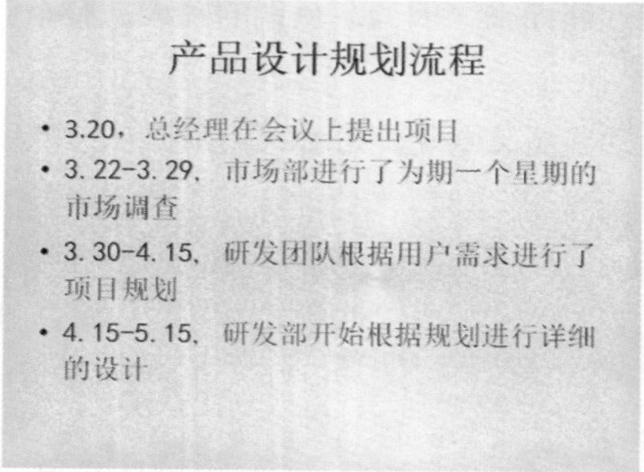

图2-97　老旧的版式

图2-98　排版之后的效果

2. 风格要统一

在制作演示文稿时，切忌为了追求华丽而使用多个迥然不同的模板，这样会混乱观众的视线和思维，弱化重点内容，如图2-99所示。而应该使用风格、版式都统一的演示文稿，如图2-100所示。

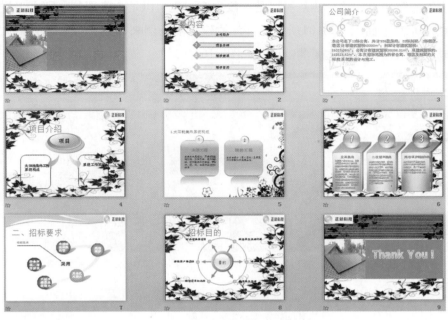

图2-99　风格、版式混乱的演示文稿

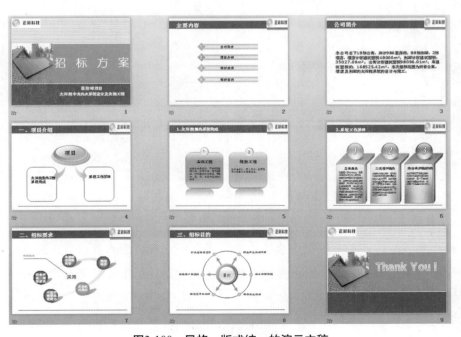

图2-100　风格、版式统一的演示文稿

3. 学会构建焦点

前面已经介绍过点的概念，这里构建焦点是指在页面中建立一个可以吸引观众注意力的视觉焦点，这个焦点可以是一段文字，也可以是一张图片，那么怎样构建这个焦点呢？下面以图2-101所示幻灯片构建焦点为例来介绍。首先，将正文内容分解成几个组，并提炼主要关键词，如图2-102所示。

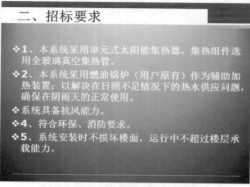

图2-101　无焦点的幻灯片　　　　　　图2-102　将正文分组

结合图形，构建凸显重点的同时各分点并行显示，如图2-103所示，类似的，还可以用图2-104所示的方法构建焦点。

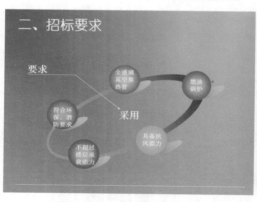

图2-103　建立焦点的幻灯片　　　　　　图2-104　包含焦点的幻灯片

4. 要明确重点

建立焦点后，还需要根据内容的主次、重要性明确页面的重点，让观众一目了然地看出哪些是重点内容，哪些是次要内容，这就需要在视觉上具有强烈的对比效果。图2-105所示为对比效果不强烈的幻灯片，而图2-106所示为修改后对比效果强烈的幻灯片，你喜欢哪一个呢？

图2-105　重点不明确的幻灯片　　　　　图2-106　重点明确的幻灯片

2.3　实　例　进　阶

2.3.1　优化产品研发流程

本小节将介绍如何优化一个产品的研发流程。图2-107所示为优化前的效果，图2-108所示为优化后的效果，其具体操作步骤如下。

图2-107　优化前的效果　　　　　　图2-108　优化后的效果

步骤1：打开素材文件(光盘：\ch02\实例进阶\素材文件\优化产品研发流程.pptx)，单击"设计"选项卡中的"颜色"按钮，从展开的列表中选择"波形"主题，如图2-109所示。

步骤2：选择正文文本，按Delete键将其删除，切换至"视图"选项卡，选中"网格线"和"参考线"选项，如图2-110所示。

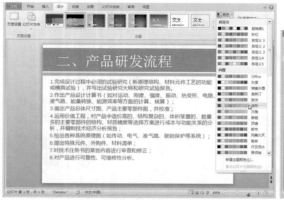

图2-109　选择"波形"主题

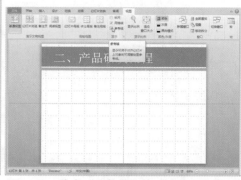

图2-110　选中"网格线"和"参考线"选项

　　步骤3：单击"插入"选项卡中的"形状"按钮，从展开的列表中选择"椭圆"选项，如图2-111所示。

　　步骤4：在页面中绘制一个圆形，打开"设置形状格式"对话框，设置渐变填充类型为"线性"、渐变角度为315°；渐变光圈停止点1颜色为"草绿"，停止点2颜色为红：13、绿：54、蓝：53，其他保持不变，如图2-112所示。

图2-111　选择"椭圆"选项

　　步骤5：按照同样的方法插入一个渐变椭圆，设置渐变填充效果，渐变光圈中停止点1和停止点3的颜色与上一个渐变圆形中的停止点2颜色相同，停止点2的颜色同样为"草绿色"，位置为50%，其他保持不变，如图2-113所示。

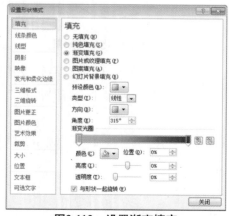

图2-112　设置渐变填充

图2-113　设置渐变填充

66

步骤6：设置完成后，关闭对话框，返回页面查看设置效果，如图2-114所示。

步骤7：再插入一个填充色为"黑色，文字1，淡色25%"且无轮廓的圆形，如图2-115所示。

步骤8：同样插入一个高度、宽度均为11厘米的圆形，如图2-116所示。

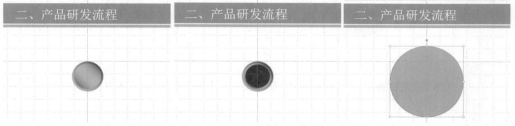

图2-114 插入渐变椭圆效果　　　图2-115 插入浅黑色圆形　　　图2-116 插入圆形

步骤9：打开"设置形状格式"对话框，在"填充"选项界面中设置圆形无填充；在"线条颜色"选项界面中设置轮廓线为黑色；在"线型"选项界面中设置线条宽度为3磅，如图2-117所示。

步骤10：关闭"设置形状格式"对话框，返回页面执行"绘图工具—格式>下移一层>移至底层"命令，将无填充的圆形移至图形的最下方，如图2-118所示。

图2-117 "设置形状格式"对话框

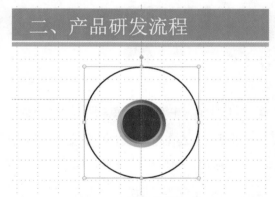

图2-118 调整图形叠放次序

步骤11：绘制一个小圆形，执行"绘图工具—格式>形状样式>其他"命令，在形状样式列表中选择"强烈效果-蓝色，强调颜色2"选项，如图2-119所示。

步骤12：复制出多个圆形，将其均匀分布在黑色无填充圆形的圆周上，并按顺时针方向输入数字，如图2-120所示。

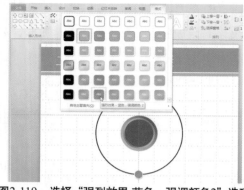

图2-119　选择"强烈效果-蓝色，强调颜色2"选项

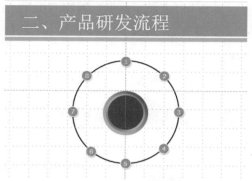

图2-120　复制圆形并输入数字

步骤13：绘制一个向下箭头，执行"绘图工具—格式>形状样式>其他"命令，在形状样式列表中选择"中等效果—金色，强调颜色5"选项，如图2-121所示。

步骤14：复制出多个箭头图形，调整旋转角度，使箭头分别指向带数字的圆形，如图2-122所示。

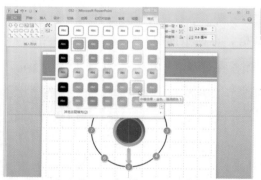

图2-121　选择"中等效果-金色，强调颜色5"选项

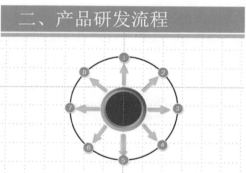

图2-122　复制出多个箭头

步骤15：复制素材文件中的文本，精简后将其放在合适的位置，如图2-123所示。

步骤16：选择标题文本，设置字体为"方正中倩简体"，如图2-124所示。

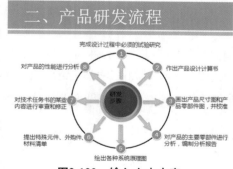

图2-123　输入文本内容

图2-124　选择"方正中倩简体"

步骤17：设置标题文本字号为44号，并居中显示，然后执行"绘图工具—格式>艺术字样式>其他"命令，在展开的艺术字效果列表中选择"填充-白色，投影"选项，如图2-125所示。

步骤18：选择中心位置的文本，设置字体为方正粗圆简体、28号，并应用艺术字效果"填充-蓝色；强调文字颜色2，粗糙棱台"，如图2-126所示。

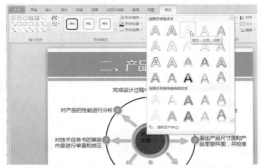
图2-125　选择"填充-白色，投影"选项

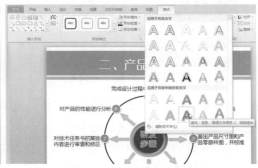
图2-126　应用艺术字效果

2.3.2　优化来料入库流程

本例是对图2-127所示的来料入库流程图进行优化，主要利用色彩的搭配与构图的知识，再结合图形的绘制、渐变色的设置等操作来完成，图2-128所示为最终效果，其具体操作步骤如下。

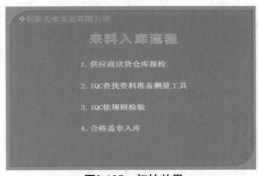
图2-127　初始效果

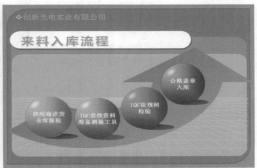
图2-128　最终效果

步骤1：打开素材文件(光盘：\ch02\实例进阶\素材文件\优化来料入库流程.pptx)，用鼠标拖动标题文本将其移至左上角，选择正文文本，如图2-129所示。

步骤2：按Ctrl+X组合键剪切文本，并将其粘贴至空白Word文档中，然后选择"插入>直线"选项，如图2-130所示。

69

图2-129　选择正文文本

图2-130　选择"直线"选项

步骤3：重复选择"插入>直线"选项，插入多条直线，设置线条颜色为浅黄色，并选中插入的直线，如图2-131所示。

步骤4：在键盘上按Ctrl+G组合键将选择的直线组合，并复制该组合形状，执行"绘图工具—格式>旋转>水平翻转"命令，如图2-132所示。

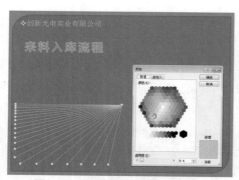

图2-131　设置线条颜色为浅黄色

图2-132　执行"水平翻转"命令

步骤5：在两个组合形状中间插入一条竖直线，同样设置线条颜色为浅黄色，如图2-133所示。

步骤6：插入多条横直线，并将其选中，如图2-134所示。

图2-133　插入竖直线

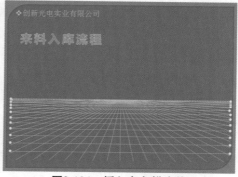

图2-134　插入多条横直线

步骤7：保持横直线的选中状态，再选择两个组合图形和竖直线，将其组合，如图2-135所示。

步骤8：插入一个圆角矩形，设置填充色为红：0、绿：153、蓝：153，然后选择圆角矩形，执行"绘图工具—格式>下移一层>置于底层"命令，如图2-136所示。

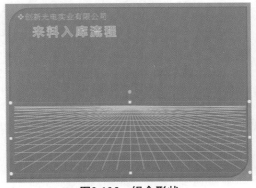

图2-135 组合形状

图2-136 执行"置于底层"命令

步骤9：将圆角矩形移至底层，如图2-137所示。

步骤10：按照同样的方法插入一个黄色的圆角矩形，并调整其叠放次序，如图2-138所示。

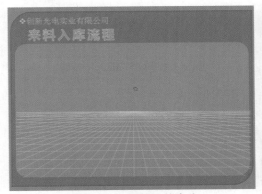

图2-137 调整叠放次序

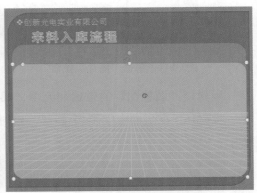

图2-138 插入黄色圆角矩形

步骤11：用同样的方法在来料入库流程位置插入圆角矩形，打开"设置形状格式"对话框，在"阴影"选项界面中设置阴影颜色为红：0、绿：92、蓝：90，大小为100%，角度为53.1°，距离为5磅，如图2-139所示。

步骤12：设置完成后，单击"关闭"按钮关闭对话框，返回幻灯片页面，并调整叠放次序，如图2-140所示。

图2-139　设置阴影

图2-140　插入的图形效果

步骤13：切换至"插入"选项卡，单击"图片"按钮，如图2-141所示。

步骤14：在打开的"插入图片"对话框中选择图片，单击"插入"按钮，如图2-142所示。

图2-141　单击"图片"按钮

图2-142　单击"插入"按钮

步骤15：调整图片的位置和大小，如图2-143所示。

步骤16：在页面中绘制4个圆形，分别为其设置不同的渐变填充颜色，如图2-144所示。

图2-143　调整图片位置和大小后的效果

图2-144　设置渐变填充

步骤17：设置完成后，关闭对话框，填充效果如图2-145所示。

步骤18：从Word文档中复制文本内容至圆形上方，并设置字体颜色为白色，字号为18号，加粗显示，如图2-146所示。

图2-145 填充效果

图2-146 输入文字

步骤19：绘制椭圆形，打开"设置形状格式"对话框，设置路径渐变效果，如图2-147所示。

步骤20：复制渐变椭圆到圆球的合适位置，如图2-148所示。

图2-147 设置路径渐变

图2-148 复制出多个渐变椭圆

步骤21：按照同样的方法，在页面中绘制4个无轮廓、绿色填充的椭圆，如图2-149所示。

步骤22：将绘制的绿色椭圆分别移至圆形的下方，制作出阴影效果，完成整个流程图的绘制，如图2-150所示。

73

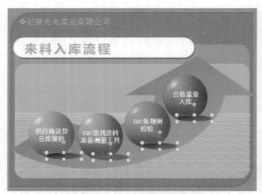

图2-149 绘制绿色椭圆   图2-150 最终效果

第3章
玩转文字艺术

　　文本是幻灯片中最基本的组成元素之一，它是传播信息的主要载体，也是决定幻灯片好坏的重要环节，有效地利用文本的字体、色彩等格式，对文本进行合理的规划，会使得文本本身更具观赏性，而平庸繁琐地利用文本，则会使整个PPT失去色彩，影响受众的观赏兴趣。本章我们将对文本的应用进行全方位的学习。

3.1 知识点突击速成

3.1.1 字体格式设置

文本格式包括文本的字体、字号、颜色以及特殊的文本效果，在默认情况下或应用主题后，PowerPoint都会提供默认的字体格式，但是这些固有的字体格式往往不能满足用户的需求，而需要利用自定义的方法进行单独设置。

1. 字体的设置

字体是指文字、字母、数字的书写风格样式。字体的选择将直接影响观众对文本内容的接受程度，选择一个大方、美观的字体可以带给观众耳目一新的感觉，用户可以通过多种方法对字体进行调整，这里简要介绍其中的一种。

选择需要修改字体的文本，单击"开始"选项卡中"字体"右侧的下拉按钮，可以从中选择合适的字体，如图3-1所示。

图3-1　选择字体

2. 设置字号

字号是指文字的大小，字号的设置需要根据演示文稿放映时的场合、灯光、距离等的不同进行相应的调整。

选中文本，单击"开始"选项卡中"字号"右侧的下拉按钮，从中选择合适的字号即可，如图3-2所示。若需对文本字号进行微调，只需直接单击"增大字号"或"减小字号"按钮即可。

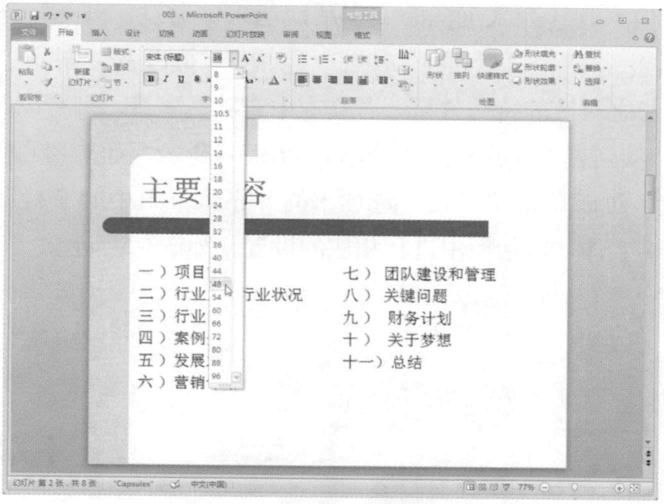

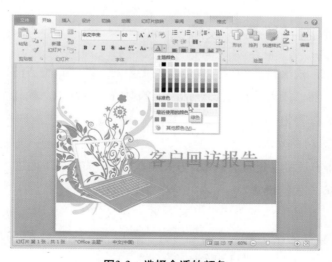

图3-2 选择合适的字号

3. 设置文字颜色

在制作演示文稿时,幻灯片的背景、进行演示时灯光的颜色等都会影响文字的显示效果,因此,需要根据环境对文字的颜色进行适当的调整。

打开演示文稿(光盘:\ch03\正文素材\原始文件\字体颜色的设置.pptx),选中需更改文字颜色的文本,然后单击"开始"选项卡中"颜色"按钮右侧下拉按钮,从展开的列表中进行选择,如图3-3所示。

图3-3 选择合适的颜色

4. 设置文本的特殊效果

文本的特殊效果包括加粗、阴影、下划线等,利用文本的特殊效果,可以突出文本的重点内容，让死气沉沉的文字活跃起来。通过"开始"选项卡中的"加粗" B 、"倾斜" I 、"下划线" U 、"阴影" S 以及"删除线" abc 按钮，可以为文本应用与之对应的特殊效果，若文本中有英文字符，则可以单击"更改大小写"按钮 Aa▾，从列表中选择合适的选项，如图3-4所示。如果用户需要一次性设置多个文本格式，可以单击"开始"选项卡的"字体"组中的"对话框启动器"按钮，在打开的"字体"对话框中进行相应的设置，如图3-5所示。

图3-4 为文字应用特殊效果

图3-5 "字体"对话框

除此之外，还可以通过"字体"对话框，对字符间距进行调整。这里不再做详细讲述。

3.1.2 文本内容段落的设置

在幻灯片中，段落格式的设置也是至关重要的。统一、整齐的段落格式会使页面看起来一目了然。段落格式主要包括段落的对齐、行间距、换行格式，以及项目符号和编号的添加等。

1. 设置段落对齐方式

段落的对齐方式可以分为水平对齐方式和垂直对齐方式，下面进行详细介绍。

1) 水平对齐方式的设置

通过单击"开始"选项卡中的几种对齐方式按钮："居中" ▤ ， "文本左对齐" ▤ 、"文本右对齐" ▤ 、"两端对齐" ▤ 以及"分散对齐" ▤ ，可以快速设置所选段落的对齐方式，如图3-6所示。

2) 垂直对齐方式的设置

设置段落的垂直对齐方式则需要单击"开始"选项卡中的"对齐文本"按钮 ▤▾ ，从中选择相应的垂直对齐方式，如图3-7所示。

图3-6 选择水平对齐方式　　　　图3-7 选择垂直对齐方式

2. 设置段落间的行间距

在一张包含大量文本信息的幻灯片中，行间距的设置在很大程度上会影响文本的整体视觉效果，用户可以根据需要对其进行适当的调整。

单击"开始"选项卡中的"行距"  按钮，可以从中选择几种行距，如图3-8所示。若用户希望可以设置其他行距，可以选择"行距选项"选项，打开"段落"对话框，在"间距"选项下精确设置段落的段前段后值以及行距，如图3-9所示。

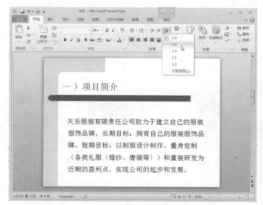

图3-8 选择"1.5"选项　　　　图3-9 设置行距

3.1.3 文本框的应用

在PPT中，文字除了在表格内输入外，就只能在文本框中输入了，可以说，要输入文字，首先要插入一个文本框。

1. 插入文本框

文本框按文字的显示方向又可以分为横排文本框和竖排文本框。用户可以根据不同的需求选择使用不同的文本框，插入方法也非常简单，只需要切换至"插入"选项卡，单击"文本框"下拉按钮，从展开的列表中根据需要选择对应的文本框，然后使用鼠标在幻灯片上拖动即可，如图3-10所示。

图3-10　选择"横排文本框"选项

2. 美化文本框

文本框绘制完成后，可以对文本框进行进一步的美化。下面简要介绍如何应用快速样式以及通过设置文本框属性来美化文本框。

1) 应用快速样式

PowerPoint提供了丰富多彩的形状样式，可以让用户无须花费太多时间，即可为文本框设置一个漂亮大方的样式。选择文本框，展开"形状样式"组，可以看到列表中列出了很多漂亮的样式，如图3-11所示。若选择列表中的"其他主题填充"选项，在关联菜单中进行选择，也可实现填充效果的快速更换，如图3-12所示。

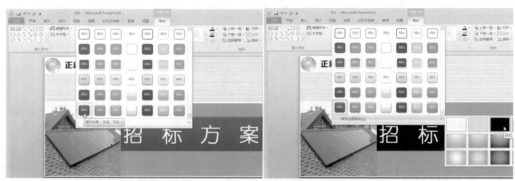

图3-11　选择合适的形状样式　　　　　**图3-12　应用快速形状样式**

2) 设置文本框属性

用户还可以设置文本框的属性，即只需单击"绘图工具—格式"选项卡上的"形状填充"、"形状轮廓"或者"形状效果"按钮，在展开的列表中选择相应的选项，将打开对应的关联菜单，从关联菜单中进行适当的选择即可，如图3-13所示，也可以打开"设置形状格式"对话框对文本框进行设置，如图3-14所示。

图3-13　选择合适的形状效果

图3-14　"设置形状格式"对话框

3.1.4　艺术字的应用

艺术字经过变体后，千姿百态，变化万千，是一种字体艺术的创新。艺术字越来越多地应用于宣传、广告、商标、标语、展览会，以及商品包装和装潢等各个方面。PowerPoint 2010提供的艺术字功能，可以让用户迅速创建多姿多彩的文字。

1. 插入艺术字

用户可以通过为已有文本设置艺术字样式，也可以通过艺术字样式直接插入艺术字文本。选择待插入文本的幻灯片，单击"插入"选项卡中的"艺术字"按钮，从展开的列表中选择一种样式，然后输入文本内容即可，如图3-15所示。

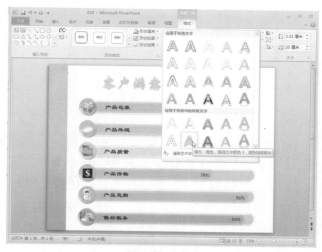

图3-15　选择艺术字样式

2. 编辑艺术字

插入艺术字后，还可以对艺术字进一步编辑，如设置形状填充、形状轮廓、形状效果、文本填充、文本效果等。设置方法与文本框和文本的设置基本相同，这里不再赘述。

3.2 高手经验

3.2.1 文本应用原则

1. 避免冗余

文字是PPT最基本的组成元素之一，是观众注意的焦点，也决定了演示文稿的主题和版式。但是在制作演示文稿时，要做到简练明了，避免使用大段的无用文本，大量冗余的文字会让观众兴趣缺失，如图3-16所示。相反，使用干练、简洁、利落的文字即可准确传达所要表达的信息，更能俘获观众的目光，如图3-17所示。

图3-16 大量冗余文字	图3-17 简洁、干练的文本界面

2. 灵活运用字体

字体的选用，在演示文稿的设计中扮演着至关重要的作用，最安全的办法是使用已经成熟的字体，中文一般使用宋体和黑体，宋体比较严谨，显示清晰，适合正文，Office默认的字体也是宋体；黑体比较端庄严肃，醒目突出，适合标题或强调区。隶书和楷体艺术性比较强，但投影效果很差，所以如果所做的PPT需要投影的话，应该尽量少用或者不用这两种字体，另外在商用PPT中，也要尽量少用这两种字体，因为容易让人产生不信任感。

英文字体一般用Arial、Verdana、Times New Roman这三种的比较多。Arial是一种很不错的字体，端庄大方，间距合适，即使放大后也没有毛边现象。Comic Sans MS也是很不错的一款字体，比较轻快活泼，有手写的感觉，如图3-18所示。

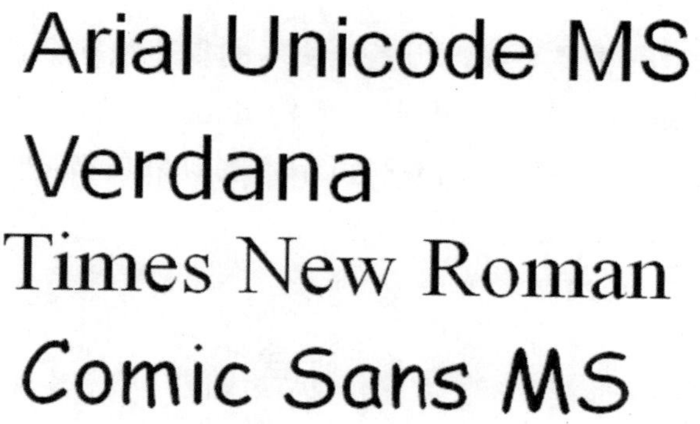

Arial Unicode MS
Verdana
Times New Roman
Comic Sans MS

图3-18　几种不同的英文字体

变换不同的字体可以达到很好的效果，如图3-19所示，但是也要注意字体的一致性。如果字体变化过于频繁，在同一演示文稿中使用的字体如果超过三种，则可能向观众表达的消息会不一致，如图3-20所示。

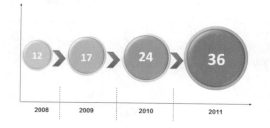

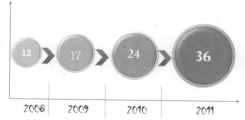

2008-2011年女装市场行业产销量增长统计
12
17
24
36
2008
2009
2010
2011

图3-19　变换字体效果

2008-2011年女装市场行业产销量增长统计
12
17
24
36
2008
2009
2010
2011

图3-20　字体超过三种以上的效果

此外，需要慎用粗体和斜体。仅仅在强调时才需使用粗体和斜体，如图3-21所示。其他情况下使用或过多使用则会降低其效果，如图3-22所示。

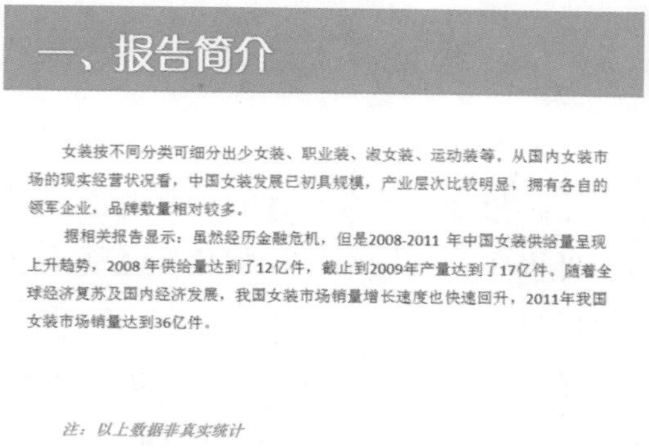

一、报告简介
女装按不同分类可细分出少女装、职业装、淑女装、运动装等。从国内女装市场的现实经营状况看，中国女装发展已初具规模，产业层次比较明显，拥有各自的领军企业，品牌数量相对较多。
据相关报告显示：虽然经历金融危机，但是2008-2011 年中国女装供给量呈现上升趋势，2008 年供给量达到了12亿件，截止到2009年产量达到了17亿件。随着全球经济复苏及国内经济发展，我国女装市场销量增长速度也快速回升，2011年我国女装市场销量达到36亿件。
注：以上数据非真实统计

图3-21　使用粗体和斜体

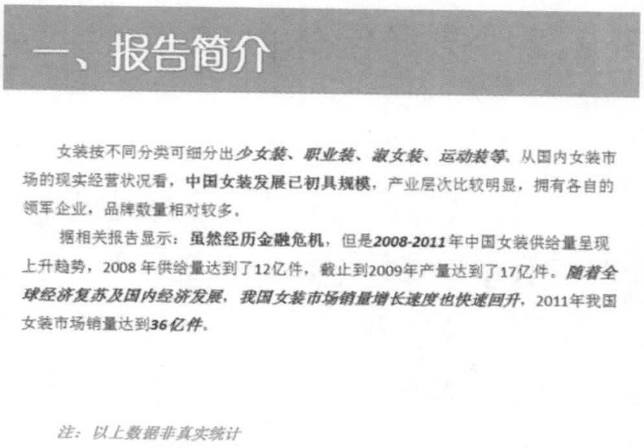

一、报告简介
女装按不同分类可细分出少女装、职业装、淑女装、运动装等。从国内女装市场的现实经营状况看，中国女装发展已初具规模，产业层次比较明显，拥有各自的领军企业，品牌数量相对较多。
据相关报告显示：虽然经历金融危机，但是2008-2011年中国女装供给量呈现上升趋势，2008 年供给量达到了12亿件，截止到2009年产量达到了17亿件。随着全球经济复苏及国内经济发展，我国女装市场销量增长速度也快速回升，2011年我国女装市场销量达到36亿件。
注：以上数据非真实统计

图3-22　滥用粗体和斜体

3. 文本与图形的结合

文字是传达信息的重要手段，但是纯文本的叙述往往会让观众产生审美疲劳，这时，用户可以结合图形，根据需要构造出适当的结构，以典雅、美丽的姿态展现给观众，如图3-23～图3-26所示这些效果是不是可以让观众眼前一亮呢！

图3-23　整改计划

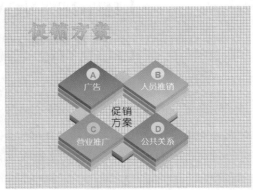

图3-24　促销方案

图3-25　产品计划

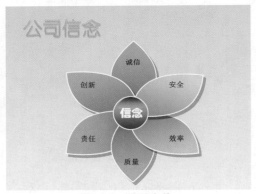

图3-26　公司宣传

3.2.2　选择字体的艺术

1. 了解常用的字体

在PowerPoint设计中，字体是最容易被忽略，也是最不被重视的。事实上，在PPT设计中，选择字体的难度并不比色彩搭配低多少，无论是从视觉角度还是从给人带来的感觉来说，不同的字体都会带来不同的感受。

纵然字体千变万化，但是仍旧遵循万变不离其宗的原则，实际上所有的字体都可以按照西文字体的分类分为衬线字体(Serif)和无衬线字体(Sans Serif)两种。

衬线字体：在字的笔画开始、结束的地方有额外的装饰，而且笔画的粗细会有所不同，容易识别，因此易读性比较高，所以常用于出版物或者印刷品的正文内容等以大段文字作为表现形式的作品上。

比较常见的衬线字体有宋体、楷体、行楷、隶书、Time New Roman、Georgia、Garamond等，如图3-27所示。

图3-27 衬线字体

无衬线字体：没有额外的装饰，而且笔画的粗细差不多。无衬线体给人一种休闲轻松的感觉。随着现代生活和流行趋势的变化，如今的人们越来越喜欢用无衬线体，因为它们看上去"更干净"。无衬线字体的使用必须保证其在正文内容中的可读性。否则，应使用衬线字体。

比较常见的无衬线字体有黑体、雅黑、幼圆、Verdana、Arial、Century Gothic，如图3-28所示。

图3-28 无衬线字体

在时尚引领一切的今天，PPT也要紧跟人们的潮流，字体就和时尚一样，永远在不停地演变，宋体、楷体、黑体、隶书这样的字体，就如同人们脚下的那双布鞋，虽然很舒适，但是，已经很土了，成为庸俗、普通、没有创意的代名词。而当下，越来越多的PPT设计者钟情于方正字库、汉仪字库、文鼎字库，等等。下面我们来看看几种特殊字体的应用。

- 综艺体：它是黑体的一种变体，也是艺术字的一种。特点是笔画更粗，尽量将空间充满。同时为了美观，对拐弯处的处理较为圆润。方正、微软等各大字库都开发了该字体，常被用于广告、报刊等的标题，如图3-29所示。

- 行书：行书是在楷书的基础上发展起来的，介于楷书、草书之间，是为了弥补楷书的书写速度太慢和草书的难于辨认而产生的。"行"是"行走"的意思，因此它不像草书那样潦草，也不像楷书那样端正，如图3-30所示。

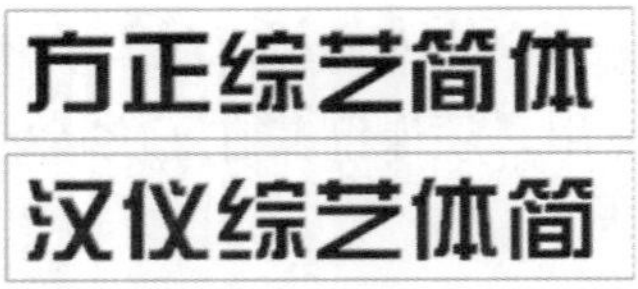

图3-29　综艺体

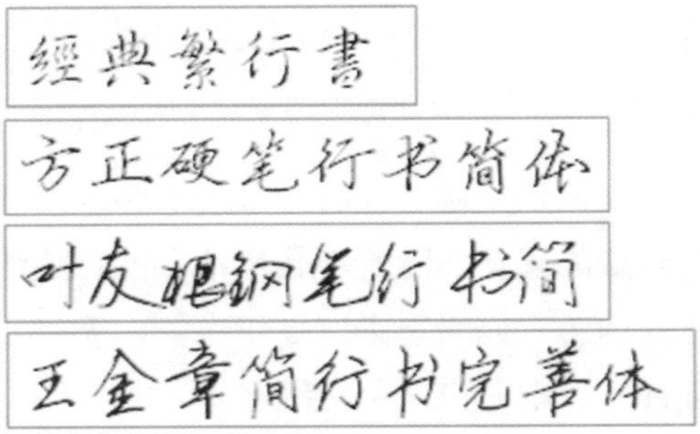

图3-30　行书

- 霹雳体：霹雳体在笔画交接处圆浑厚重，喻蓄势于中心，又疾速发散至收笔之端，生动刻画出"列缺霹雳丘峦崩摧"的震撼，展现通上彻下的能量释放。整体安排斜中求正，错落有致，平稳和谐，如图3-31所示。

- 广告体：广告字体就是根据商品的某些特点进而变化产生出来的一种字体，它可以与看到字体的人达成共识，吸引眼球，具有很强的艺术效果和视觉冲击力，为广告加分，如图3-32所示。

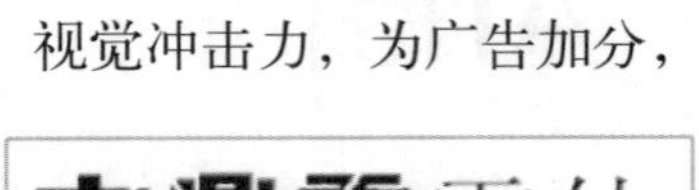

图3-31　霹雳体

图3-32　广告体

2. 标题文字要注意的事项

标题之于幻灯片就如同人的眼睛，一双盈盈秋目会令人过目难忘，同样的，一个吸人眼球的标题，对于演示文稿来说，起着至关重要的作用。那么在命名标题时，有哪些需要注意的地方呢？

首先，标题应该做到言简意赅，避繁就简，试想一下，在这个时间就是金钱的社会，谁愿意花费多余的时间在你那些无用的文字上呢？你的观众不会喜欢、你的老板不会喜欢、你的同事和客户同样不会喜欢。看看如图3-33和图3-34所示的两个PPT，你是客户的话，你会选哪个呢？

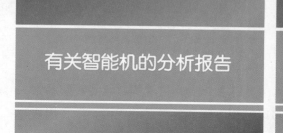

| 图3-33　累赘的标题 | 图3-34　简洁大方的标题 |

其次，标题应做到与正文内容相呼应，否则，我们就成为一个挂羊头卖狗肉欺骗观众时间的骗子，欺骗观众的注意力，混淆观众的视线，是搬起石头砸自己的脚。图3-35所示为标题与正文不匹配的案例，图3-36则为标题与正文呼应的案例。

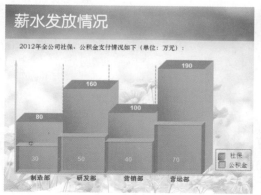

图3-35　标题与正文不匹配

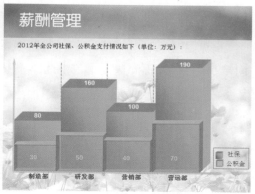

图3-36　标题与正文匹配

最后，如果你有一些好的主意，那就抛弃你原有的规则吧，一个新潮而时尚的标题，可以瞬间抓取观众的眼球，给你的演讲增光添彩。图3-37所示为中规中矩的标题，而图3-38则套用了网络流行语，给人一种新鲜的感觉。

图3-37　中规中矩的标题　　　　　　　　图3-38　个性化的标题

类似的流行语还有："今天，你××了么？"、"你×或者不×，×就在那里，××××"、"很×很××"、"××，你怎么看？"等等，读者不妨经常关注一些新的用语。当然，除此之外，还可以利用一些耳熟能详的成语，广告用语，等等。

3. 安装系统之外的字体

若PowerPoint中提供的字体不能够满足用户的需求，还可以安装需要的新字体，对于Windows 7系统来说，安装新字体有以下三种方法(安装前需要先下载字体文件)。

用户可以直接将字体文件复制到"C：\Windows\Fonts"文件夹，在此文件夹中还可以选择删除或者隐藏一些字体，如图3-39所示。

也可以双击打开字体文件，然后单击"安装"按钮，如图3-40所示。或者右击字体文件，在弹出的快捷菜单中选择"安装"命令。

图3-39　字体文件夹　　　　　　　　　图3-40　打开字体文件窗口

　　安装种类繁多的字体的确会给我们设计幻灯片带来极大的便利，但与此同时，这些字体文件也会占用大量的系统资源，还会影响Office的运行速度。那么如何解决这个问题呢？用户可以通过"使用快捷方式安装字体"的方法解决。这样即使将字体文件放在其他磁盘中，也可以使用该字体，单击字体文件夹左侧的"字体设置"，如图3-41所示。在打开的"字体设置"窗口中选中"允许使用快捷方式安装字体（高级）"复选框，如图3-42所示。

图3-41　单击"字体设置"

图3-42　"字体设置"窗口

　　经过设置后，双击打开下载的字体，可以在预览窗口中看到"使用快捷方式"选项，将其勾选，并安装该字体文件即可，如图3-43所示。

图3-43　安装快捷方式

4. 推荐几个字体下载网站

- 字体下载之家：http://www.homefont.cn/

  提供各种各样的字体，还可以打包下载字体，但是需要注册该网站的会员方能进行下载，并且下载时需要少量的金币。

- 字体下载大宝库：http://font.knowsky.com/

  提供各种各样的字体，包括哥特字体、图案字体、节日字体等。

- ChinaZ.com：http://font.chinaz.com/

  这是一个素材网站，在这里不但可以找到各种字体，还能找到各种各样的高清图片、模板、PPT模板等、PSD素材、音效、表情、壁纸等。

5. 书法字体随时用

中文字体千变万化，种类繁多，一一安装的话会占用大量的磁盘空间，而且很多书法家的字体并没有转换为计算机字体，这时候，书法字典就显示出其独特之处了，它就像你的书法仓库，只要你需要，就可以随时调用。

只需登录书法字典网站http://www.shufazidian.com，输入想要的文字、选择书法字体，然后单击"书法查询"按钮，如图3-44所示。在搜索页面中，选择喜欢的字体，将其另存为图片即可，如图3-45所示。

图3-44　单击"书法查询"按钮

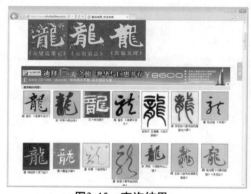

图3-45　查询结果

3.2.3　文本内容的层次化安排

对于包含大量信息的文本来说，合理安排文本内容的结构，使观众可以一目了然地从中得到有效的信息是很有必要的。下面介绍如何实现文本内容的层次化。

1. 善于归纳文字内容

在一页幻灯片中，最好不要存在大量的文本内容，因为无论是你的领导还是客户，希望看到的都是你的结论，因此，在制作演示文稿时，一定要先对文本内容进行归纳梳理，让大段的文本信息条理化，明确化，用简短的句子将需要传达的信息传递给受众。图3-46所示为原始效果，3-47所示为归纳文本信息后的效果。

一、系统特点

系统能综合传输多路工业电视信号、安全监测系统信号、生产监控系统信号、IP调度通讯信号等；具有主机设备和线路冗余功能；并且每台OLT提供4个千兆以太网光口，支持5个双环网；每个双环网使用二芯光纤；具有完整的网络管理功能，可实现OLT、ONT实时通讯状态的管理及故障报警功能，可实现每台ONT和OLT的参数配置及状态报告，同时实现网络系统冗余的自动及手动保护功能；具有备用光纤故障监测功能；系统具有端口带宽动态分配功能；除此之外，系统还具有接口扩展功能。

图3-46　原始效果

一、系统特点

1　系统能综合传输多路工业电视信号、安全监测系统信号、生产监控系统信号、IP调度通讯信号等。
2　具有主机设备和线路冗余功能。
3　每台OLT提供4个千兆以太网光口，支持5个双环网；每个双环网使用二芯光纤。
4　系统具有完整的网络管理功能，可实现管理及故障报警功能及参数配置及状态报告，同时实现网络系统冗余的自动及手动保护功能。
5　系统具有备用光纤故障监测功能。
6　系统具有端口带宽动态分配功能。
7　系统具有接口扩展功能。

图3-47　归纳文本内容的效果

越来越多的人为了追求创意和独特，只用一些简单的词语来进行总结，这是非常不可取的，可能当时理解这些词语的意思，但是不利于以后的总结和学习，如图3-48所示。用户需要在简短的同时，又不能忽略了文本原有的含义，将需要表达的观点准确地传达给观众，如图3-49所示。

图3-48　原始效果

图3-49　美化文本结构

2. 设置项目符号

一张幻灯片中包含多个段落时，尽管用户会合理恰当地设置文本段落，但是有时仍会显得条理不清，这时，可以采用项目符号和编号功能，使文本更具有层次感，利于观众对文本内容的理解，如图3-50所示。

除了可以使用一些既定的符号作为项目符号外，用户还可以使用一些靓丽的图片作为项目符号，使段落结构化的同时又可以增添美丽的外观，如图3-51所示。

图3-50　使用项目符号

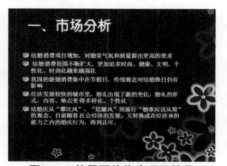

图3-51　使用图片作为项目符号

3. 文本结构的再次美化

当一张页面中有多段文本信息时，用户可根据需要对文本结构再次美化，利用图形将文字结构化显示出来。图3-52所示为原始效果，图3-53所示为结构化显示文本效果。

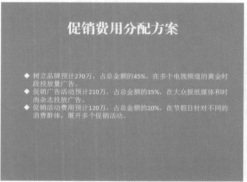

图3-52　原始效果

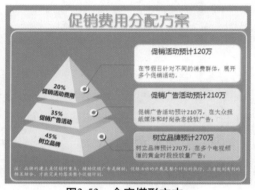

图3-53　金字塔形文本

除了可以用金字塔形对文本结构美化外，还可以按照一定的规律对文本进行美化，如图3-54和图3-55所示。

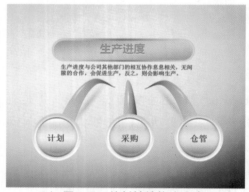

图3-54　放射性结构式文本

图3-55　组织结构式文本

3.2.4　标题文本的美化

标题之于演示文稿，如同大脑之于人本身，里面的内容固然很重要，但是一个吸引人的发型会加深给人的第一印象。因此，一个精美的标题文本对于演示文稿来说，是很有必要的。下面将介绍几种美化标题文本的方法。

1. 利用艺术字效果

PowerPoint 2010提供了多种艺术字效果，为了突出显示标题文本，用户经常会使用艺术字效果来呈现。但是，需要注意的是，要根据演示文稿的主题以及背景色来选择合适的艺术字颜色和效果，如图3-56所示。如果运用不当，则会画虎不成反类犬，如图3-57所示。

图3-56　利用艺术字效果

图3-57　运用不合理的艺术字效果

除此之外，用户还可以利用Photoshop或Illustrator等图文软件来设计更加精美的艺术字，如图3-58所示。

图3-58　PS艺术字效果

2. 利用图形/图像点缀

图形或图像，无论在什么时候都可以带给你惊喜，标题文本还可以通过图形或图像进行美化。图文结合，可以创造出更加吸引眼球的视觉效果，在视觉盛宴开始之初，就呈现一道精美的开胃小菜。图3-59所示为初始效果，图3-60为结合图形制作的标题效果。

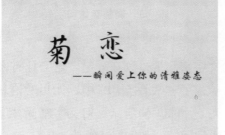

图3-59　初始效果

图3-60　图文结合效果

3. 利用符号

符号是指具有某种代表意义的标识。符合来源于规定或者约定成俗，其形式简单，种类繁多，用途广泛，具有很强的艺术魅力。越来越多的符号被用于平面设计，在幻灯片中也被用作文本的装饰，如图3-61所示。

图3-61　标题中运用符号

3.2.5　文本应用的禁忌

文本是传达信息的必备神器，但是，运用不恰当反而会给演示文稿丢分。下面介绍几个应用文本时一不小心就会进入的雷区，在使用文本时需要慎重，谨防误入雷区。

1. 忌字体泛滥

虽然说，为了区分标题的级别或者突出显示某个字或短语通常会采用不同的字体。但是，在一个PPT中最好不要用超过三种以上的字体。同时，字号的变化也不要超过三种。图3-62所示为字体和字号超过三种时的显示效果，图3-63所示为字体和字号为两种的显示效果。

图3-62　初始效果

图3-63　调整字体和字号

2. 忌排版紧密

在进行文字排版时，一定不要将所有的文字密集地排列在一起，这会让有密集恐惧症的人看到就晕菜。不经过处理的大段文字直接粘贴至PPT中，无用的信息不仅会占用观众的时间，还会让观众抓不到重点，如图3-64所示。对文字精简并保留核心内容后，可以使页面简单大方且方便阅读和理解，如图3-65所示。

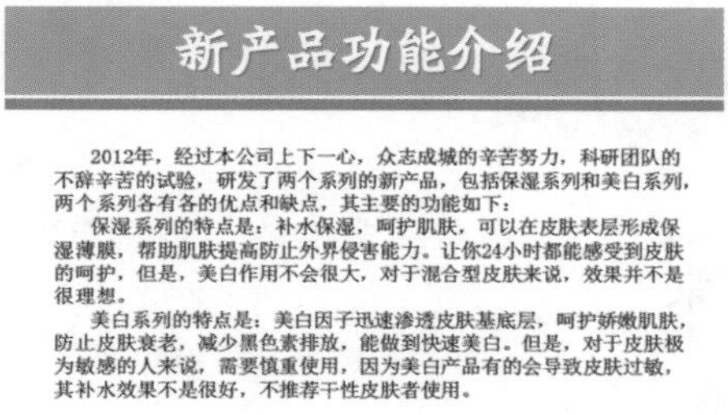

图3-64 文字紧密排列的效果

图3-65 文字整理后的排列效果

3. 忌颜色复杂

在一个演示文稿中，字体的颜色要与当前主题色相匹配，不能与当前页面中的图片和图形等相互冲突，色彩混乱复杂的演示文稿，很难被观众接受，如图3-66所示。而色彩统一协调的演示文稿则清爽宜人、干净利落，如图3-67所示。

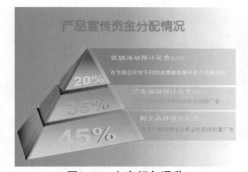

图3-66 文字颜色混乱

图3-67 减少文字颜色效果

4. 忌杂乱无章

在演示文稿中，切忌不要将文字天女散花式地随意洒落在页面，文字之间的逻辑关系被打乱，会让观众分不清重点，如图3-68所示。而按照某种逻辑关系统一地排列文字，则可以增强文字的逻辑性和美观度，如图3-69所示。

图3-68 文本凌乱地分布在页面

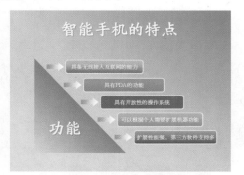

图3-69 文本统一排版效果

3.3 实 例 进 阶

3.3.1 制作四方格型文本展示效果

本小节将介绍对四方格型文本的编辑，通过对图形的更改和编辑、字体的设置等来实现，图3-70为未进行编辑前的效果，图3-71为编辑完成后的效果。下面将介绍如何对其进行编辑。

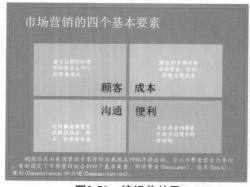

图3-70 编辑前效果

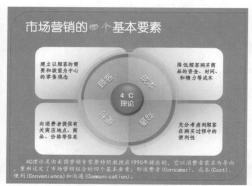

图3-71 市场营销型文本

步骤1：打开素材文件(光盘：\ch03\实例进阶\素材\制作四方格文本显示效果.pptx)，先将"顾客、成本、沟通、便利"暂时移至幻灯片右上角，然后选择四个矩形，执行"绘图工具—格式>编辑形状>更改形状>圆角矩形"命令，将四个矩形改为圆角矩形形状，如图3-72所示。

步骤2：选择左上角的圆角矩形，右键单击，选择"设置形状格式"命令，如图3-73所示。

图3-72 选择"圆角矩形"命令

图3-73 选择"设置形状格式"命令

步骤3：打开"设置形状格式"对话框，在"填充"选项设置界面中，选中"渐变填充"单选按钮，设置渐变类型为"线性"、渐变角度为"45°"，渐变光圈停止点1颜色为"白色，背景1"、停止点2颜色为"蓝色"，其他保持默认，如图3-74所示。

步骤4：按顺时针方向依次设置其他圆角矩形，设置渐变角度分别为135°、225°、315°，其他设置完全相同，如图3-75所示。

图3-74 设置填充效果

图3-75 渐变填充效果

步骤5：执行"插入>形状>椭圆"命令，如图3-76所示。

步骤6：按住Shift键在四个圆角矩形中心位置绘制一个圆，并根据需要拖动鼠标调整圆形的大小，如图3-77所示。

图3-76 选择"椭圆"命令

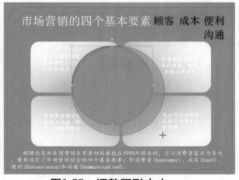

图3-77 调整圆形大小

步骤7：打开"设置形状格式"对话框，在"填充"选项设置界面中，选中"纯色填充"单选按钮；设置"填充颜色"为"深蓝，背景2，淡色40%"，如图3-78所示。

步骤8：在"线条颜色"选项中，选中"实线"单选按钮，单击"颜色"按钮，从列表中选择"其他颜色"选项，如图3-79所示。

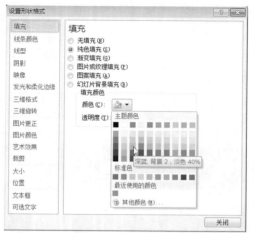

图3-78 选择"深蓝，背景2，淡色40%"

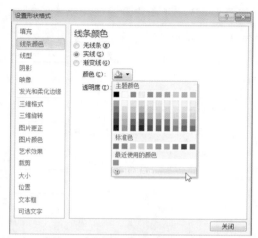

图3-79 选择"其他颜色"选项

步骤9：打开"颜色"对话框，选择合适的颜色，单击"确定"按钮，返回至"设置形状格式"对话框，如图3-80所示。

步骤10：在"线型"选项设置界面中，设置宽度为"20磅"，复合类型为"单线"，如图3-81所示。

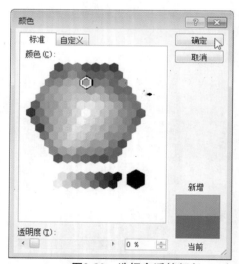

图3-80 选择合适的颜色

图3-81 设置线型

步骤11：关闭"设置形状格式"对话框，执行"插入>形状>饼形"命令，绘制一个饼形，选择绘制的饼形，右击，在弹出的快捷菜单中选择"编辑顶点"命令，如图3-82所示。

步骤12：选择需要删除的顶点，右击，在弹出的快捷菜单中选择"删除顶点"命令，即可将所选顶点删除，如图3-83所示。

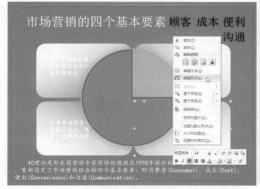

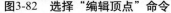

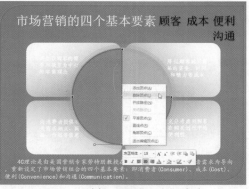

图3-82 选择"编辑顶点"命令　　　　图3-83 选择"删除顶点"命令

步骤13：删除多余的两个顶点后，形状变为1/4圆形，如图3-84所示。

步骤14：打开"设置形状格式"对话框，在"填充"选项设置界面中，选中"渐变填充"单选按钮，设置渐变类型为"线性"、渐变角度为"45°"，渐变光圈停止点1颜色为红：154、绿：69、蓝：201，停止点2颜色为"黑色"，如图3-85所示。

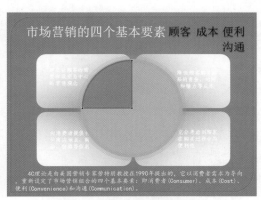

图3-84 删除顶点后的效果　　　　图3-85 设置渐变填充

步骤15：关闭"设置形状格式"对话框，复制设置完成的图形，执行"绘图工具—格式>旋转>水平翻转"命令，将图形水平翻转，如图3-86所示。

步骤16：再将其垂直翻转，利用同样的方法，复制出其他两个图形，进行适当翻转，调整位置拼接成圆形，如图3-87所示。

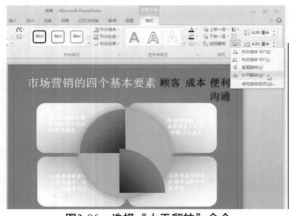

图3-86　选择"水平翻转"命令

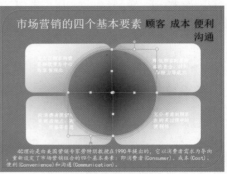

图3-87　拼接圆形

步骤17：选择右上角和左下角的扇形，打开"设置形状格式"对话框，在"填充"选项设置界面中，选择停止点1，单击"颜色"按钮，选择"其他颜色"选项，在打开的"颜色"对话框中选择合适的颜色，如图3-88所示。

步骤18：关闭"设置形状格式"对话框，设置完成后的效果如图3-89所示。

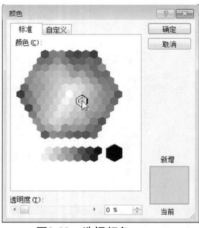

图3-88　选择颜色

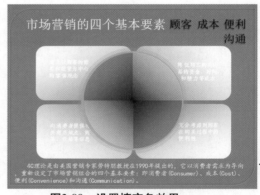

图3-89　设置填充色效果

步骤19：在页面合适位置插入一个填充色为"深蓝，背景2，淡色60%"、无轮廓的圆形，如图3-90所示。

步骤20：在刚插入的圆形中心位置绘制一个圆，打开"设置形状格式"对话框，设置圆形填充色为"紫色"、无轮廓，在"三维格式"选项设置界面中，设置棱台顶端为"圆"、高度为"46磅"、宽度为"20磅"，表面效果材料为"暖色粗糙"、照明为"三点"、角度为"30°"，如图3-91所示。

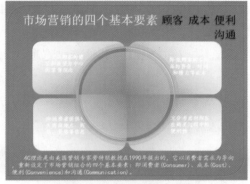

图3-90 插入深蓝色圆形

图3-91 设置三维格式

步骤21：单击"关闭"按钮，关闭对话框，设置完成的效果如图3-92所示。

步骤22：利用文本框插入"4C理论"，打开"字体"对话框，设置西文字体为"Arial Unicode MS"，中文字体为"幼圆"、"20号"、加粗，如图3-93和图3-94所示。

图3-92 设置形状效果

图3-93 设置字体

步骤23：关闭对话框，然后选择"顾客"、"成本"、"便利"、"沟通"文本，执行"绘图工具—格式>上移一层>移至顶层"命令，如图3-95所示。

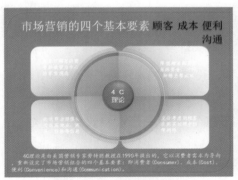

图3-94 设置字体效果

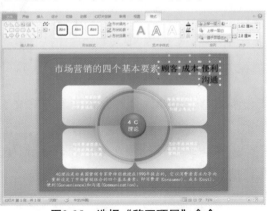

图3-95 选择"移至顶层"命令

步骤24：保持文本框为选中状态，设置字体为幼圆、24号、加粗、阴影、白色，并将其移至如图3-96所示的位置。

步骤25：选择左上角文本框，执行"绘图工具—格式>旋转>其他旋转选项"命令，如图3-97所示。

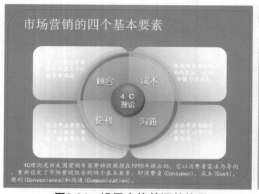

图3-96　设置字体并调整位置

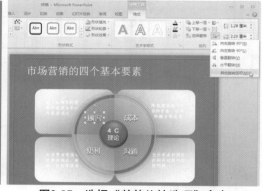

图3-97　选择"其他旋转选项"命令

步骤26：在打开对话框的"大小"选项设置界面中，设置旋转角度为315°，如图3-98所示。

步骤27：按顺时针方向依次设置其他三个文本框的旋转角度分别为45°、135°、225°，如图3-99所示。

图3-98　设置旋转角度

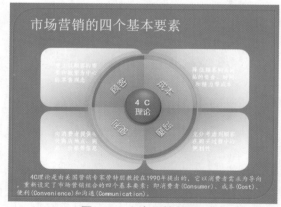

图3-99　文本旋转效果

步骤28：选择四个圆角矩形上方的文本框，设置字体颜色为黑色，如图3-100所示。

步骤29：选择标题文本，设置字体为"幼圆"，应用艺术字效果"填充-白色，投影"，如图3-101所示。

图3-100 设置文本颜色

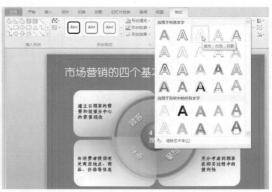

图3-101 选择"填充-白色，投影"艺术字

步骤30：选中标题文本中的"四个"，设置"字体"为"方正舒体"，如图3-102所示。

步骤31：保持文本为选中状态，为其应用艺术字效果"渐变填充－金色，强调文字颜色4，映像"，至此，完成该文本效果的设计，如图3-103所示。

图3-102 选择"方正舒体"

图3-103 应用艺术字效果

3.3.2 制作流程演示型文本效果

在制作演示文稿时，经常会需要制作一个流程性的幻灯片，那么，如何才能将流程显示的文本内容合理、清晰地传达给观众呢？下面将介绍如何实现文本内容的流程化显示效果。图3-104所示为初始效果，图3-105所示为最终效果。

图3-104 初始效果

103

步骤1：打开素材文件，选择幻灯片中的4个圆角矩形将其分别移至幻灯片的四个角，然后右键单击，从快捷菜单中选择"组合>取消组合"命令，如图3-106所示。

步骤2：执行"插入>形状>圆柱形"命令，拖动鼠标在幻灯片中绘制圆柱形，如图3-107所示。

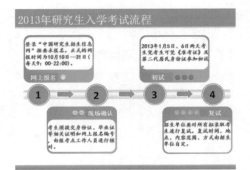

图3-105　流程演示型效果

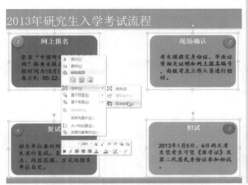

图3-106　选择"取消组合"命令

图3-107　选择"圆柱形"命令

步骤3：选择绘制的圆柱形，执行"绘图工具—格式>旋转>向左旋转90°"命令，如图3-108所示。

步骤4：继续保持圆柱形为选中状态，右键单击，选择"设置形状格式"命令，在打开的对话框的"线条颜色"选项设置界面中，选中"无线条"单选按钮；在"填充"选项设置界面中，设置渐变填充，"类型"为"线性"，"方向"为"线性向右"；渐变光圈中停止点1和停止点3的颜色均为"白色，背景1，深色35%"，停止点2的颜色为"白色，背景1"、位置为"61%"，如图3-109所示。

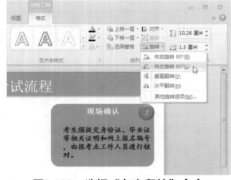

图3-108　选择"向左翻转"命令

图3-109　设置圆柱形格式

步骤5：根据需要调整圆柱形的大小，然后执行"插入>形状>椭圆"命令，按住Shift键的同时拖动鼠标在幻灯片中绘制一个宽度和高度为2.4厘米的圆，如图3-110所示。

步骤6：选择绘制的圆并右键单击，在弹出的快捷菜单中选择"设置形状格式"命令，在打开的对话框的"线条颜色"选项设置界面中，设置线条颜色为"白色，背景1"；在"填充"选项设置界面中为图形设置渐变填充效果，"类型"为"射线"，"方向"为"从右下角"；渐变光圈中停止点1的颜色为红：126、绿：42、蓝：188，位置为"0%"，停止点2的颜色为红：234、绿：21、蓝：122，位置为"100%"，如图3-111所示。

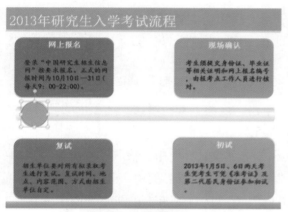

图3-110 绘制圆形

图3-111 设置圆形格式

步骤7：按住Ctrl键沿水平线方向复制出多个圆形，如图3-112所示。

步骤8：将圆形全部选中，执行"绘图工具—格式>对齐>横向分布"命令，如图3-113所示。

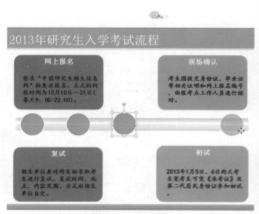

图3-112 复制圆形

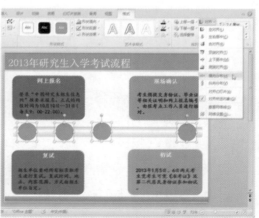

图3-113 将多个圆形横向分布

步骤9：同时选中4个圆形，将其复制后，选择复制出的圆形，执行"绘图工具—

格式>形状轮廓>无轮廓"命令，如图3-114所示。

步骤10：选择无轮廓的4个圆，设置其宽度和高度为2.6厘米，并且调整次序将其分别置于有轮廓的圆的下方，如图3-115所示。

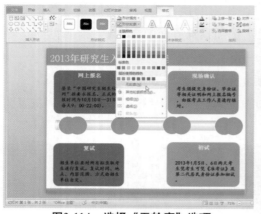

图3-114 选择"无轮廓"选项

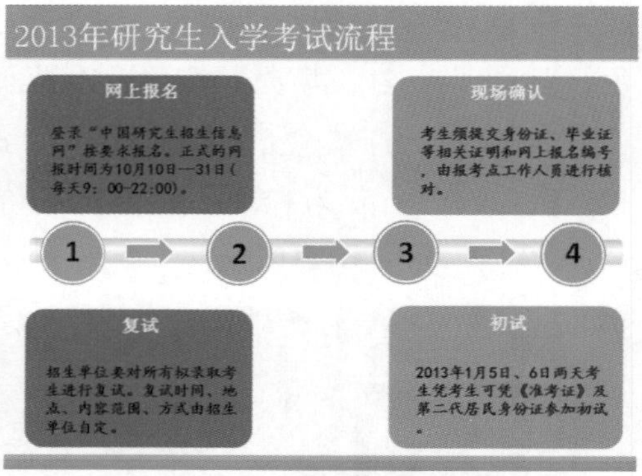

图3-115 调整图形次序

步骤11：选择4个小标题文本框，单击"绘图工具—格式"选项卡的"形状样式"组中的"其他"按钮，如图3-116所示。

步骤12：在打开的对话框的"大小"选项设置界面中，设置"宽度"为"1厘米"，"高度"为"3.4厘米"；在"填充"选项设置界面中，为图形设置渐变填充效果，"类性"为"线性"，"方向"为"从右下角"；渐变光圈中停止点1的颜色为红：226、绿：42、蓝：178，位置为"0%"，停止点2的颜色为红：234、绿：21、蓝：122，位置为"100%"，如图3-117所示。

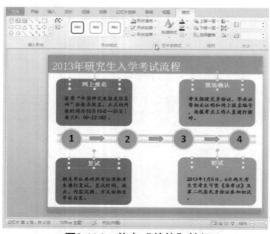

图3-116 单击"其他"按钮

图3-117 设置图形渐变效果

步骤13：用鼠标拖动文本框，调整其位置，按照顺序排列，如图3-118所示。

步骤14：适当调整圆角矩形及内容文本框的位置，并且将其移至与小标题文本框相匹配的位置，如图3-119所示。

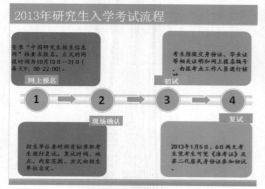

图3-118 调整图形的位置

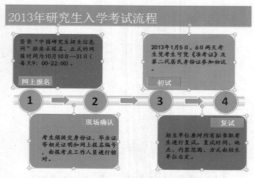

图3-119 将文本框按序排列

步骤15：选中4个圆角矩形，打开"设置形状格式"对话框，在"填充"选项设置界面中，为图形设置渐变填充效果，"类型"为"射线"，"方向"为"从右下角"；渐变光圈中停止点1的颜色为红：233、绿：97、蓝：197，位置为"0%"；停止点2的颜色为红：234、绿：21、蓝：122，位置为"100%"，如图3-120所示。

步骤16：执行"插入>形状>圆角矩形"命令，绘制一个高为3.84宽为7.7的圆角矩形，并设置其填充色为"白色，背景1"，无轮廓，然后将其移至图形的合适位置并调整图形次序，如图3-121所示。

图3-120 设置圆角矩形填充效果

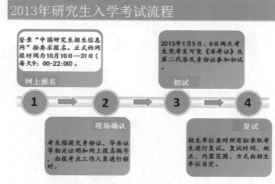

图3-121 绘制白色圆角矩形

步骤17：复制白色圆角矩形到其他位置，并进行适当的调整，然后单击"插入"选项卡中的"图片"按钮，如图3-122所示。

步骤18：打开"插入图片"对话框，选择"图片1"，单击"插入"按钮，如图3-123所示。

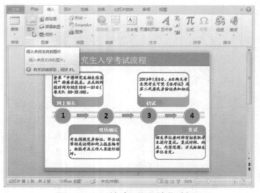

图3-122　单击"图片"按钮

图3-123　选择图片

步骤19：调整插入图片的大小和位置，并且将其复制到其他位置，以图标的个数对次序进行标示，如图3-124所示。

步骤20：选择图标，执行"图片工具—格式>颜色>重新着色>其他变体"命令，在展开的关联菜单中选择合适的颜色为图片重新着色，如图3-125所示。至此，完成该文本显示效果的制作。

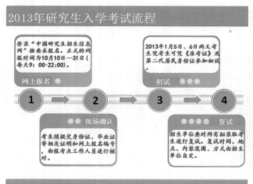

图3-124　复制出多个图标

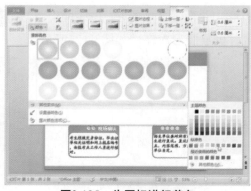

图3-125　为图标进行着色

3.3.3　制作台阶式文本效果

在演讲的过程中，纯文本的展示通常会令观众厌烦，如图3-126所示。本小节将介绍如何运用图形以及图片，将纯文本内容转换为一场华丽的展览呈现给观众，如图3-127所示。那么，这种展览效果如何才能实现呢？下面将对其进行详细的介绍。

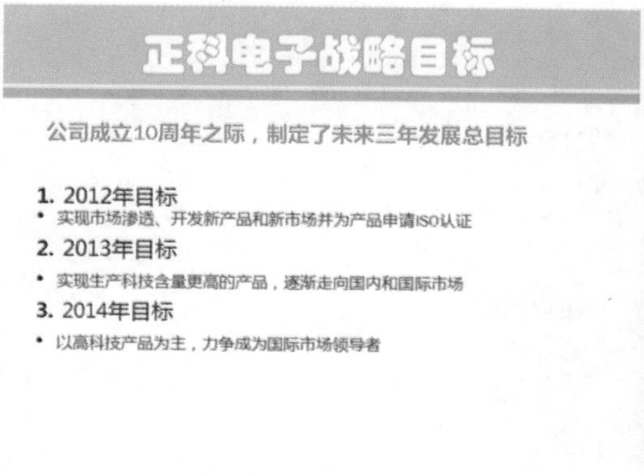

图3-126　初始效果

图3-127　优化后的效果

步骤1：新建一个空白演示文稿，执行"设计>背景格式>设置背景格式"命令，如图3-128所示。

步骤2：打开"设置背景格式"对话框，在"填充"选项设置界面中，单击"文件"按钮，如图3-129所示。

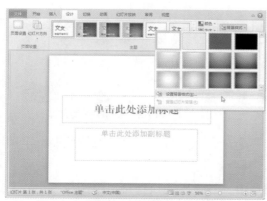

图3-128　选择"设置背景格式"命令

图3-129　单击"文件"按钮

步骤3：打开"插入图片"对话框，选择图片，单击"插入"按钮，如图3-130所示。

步骤4：返回"设置背景格式"对话框，单击"全部应用"按钮。执行"视图>幻灯片母版"命令，进入母版视图，选择母版幻灯片，单击"插入"选项卡中的"形状"按钮，从展开的列表中选择"太

109

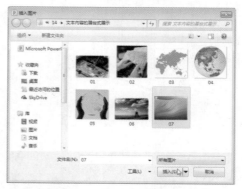

图3-130　复制出多个图标

阳形"，如图3-131所示。

步骤5：在母版幻灯片的左上角绘制合适大小的形状，并设置其填充色为"浅蓝"、无轮廓，然后单击"关闭母版视图"按钮，如图3-132所示。

步骤6：将原稿中的标题及副标题文本复制到当前演示文稿中，并设置标题文本为微软雅黑、28号、加粗，副标题文本为宋体(正文)、20号、加粗，如图3-133所示。

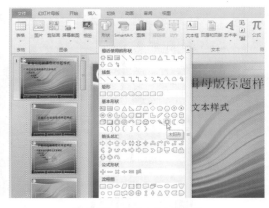

图3-131　选择"太阳形"

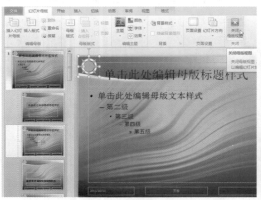

图3-132　单击"关闭母版视图"按钮

图3-133　输入标题和副标题文本

步骤7：执行"插入>形状>圆角矩形"命令，在幻灯片的合适位置绘制一个圆角矩形，如图3-134所示。

步骤8：选择绘制的圆角矩形，右键单击，从弹出的快捷菜单中选择"设置形状格式"命令，如图3-135所示。

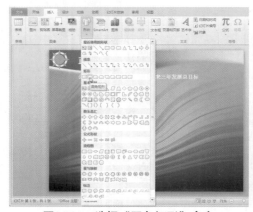

图3-134　选择"圆角矩形"命令

图3-135　选择"设置形状格式"命令

步骤9：在打开的对话框的"填充"选项设置界面中，选中"渐变填充"单选按钮，设置"类型"为"线性"、"角度"为"90°"，渐变光圈中停止点1的颜色为"白色，背景1"、位置为25%，停止点2的颜色为"浅绿"、位置为100%、透明度为35%，如图3-136所示。

步骤10：在"线条颜色"选项设置界面中，设置线条颜色为红0、绿102、蓝102；在"线型"选项设置界面中，设置宽度为2.5磅；在"阴影"选项设置界面中，设置阴影预设为外部"右下斜偏移"，如图3-137所示。

图3-136　设置渐变填充

图3-137　选择"右下斜偏移"

步骤11：设置完成后，单击"关闭"按钮，关闭对话框，如图3-138所示。

步骤12：复制出其他两个图形，并分别放置在合适位置，更改线条颜色和渐变填充中停止点2的颜色即可。其中，蓝色圆角矩形线条颜色为"深蓝，文字2，深色25%"，停止点2的颜色为"蓝色"；紫色圆角矩形线条颜色和停止点2的颜色均为"紫色"，如图3-139所示。

图3-138　设置形状效果

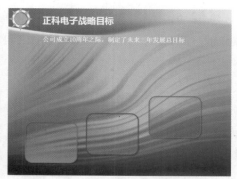

图3-139　复制出其他两个圆角矩形

步骤13：执行"插入>形状"命令，插入一个无轮廓的平行四边形，设置渐变填充类型为"线性"、渐变角度为"90°"，渐变光圈停止点1的颜色为"浅绿"、停止点2的颜色为"橄榄色，强调文字颜色3，淡色60%"，如图3-140所示。

步骤14：在"三维格式"选项设置界面中，设置棱台顶端和底端的效果均为"角度"、宽度和高度均为"1磅"，深度颜色为红153、绿204、蓝0，深度为"70磅"，如图3-141所示。

图3-140　设置渐变填充

图3-141　设置三维格式

步骤15：设置完成后，复制该图形到其他位置，如图3-142和图3-143所示。

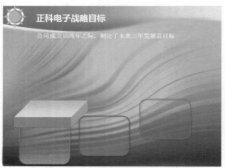

图3-142　设置平行四边形的效果

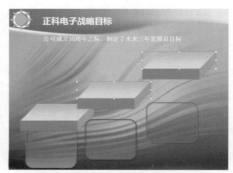

图3-143　复制出其他两个平行四边形

步骤16：执行"绘图工具—格式>编辑形状>更改形状"命令，将两个平行四边形分别更改为梯形和右箭头，如图3-144和图3-145所示。

图3-144　选择"梯形"

图3-145　更改形状效果

步骤17：更改梯形的渐变填充效果，将停止点1的颜色改为"蓝色"；三维格式中深度颜色为"蓝色"、深度为"34磅"，如图3-146所示。

步骤18：在"三维旋转"选项设置界面中，设置三维旋转的Y值为"150°"，如图3-147所示。

图3-146　设置梯形渐变填充

图3-147　设置旋转值

步骤19：选择"绘图工具—格式>旋转>垂直翻转"命令，将梯形垂直翻转，效果如图3-148所示。

步骤20：选择右箭头形状，更改渐变填充效果，设置渐变角度为"0°"，渐变光圈停止点1的颜色为红204、绿152、蓝255，停止点2的颜色为红：102、绿：0、蓝：102，如图3-149所示。

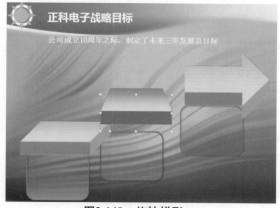

图3-148　旋转梯形

图3-149　设置渐变填充

步骤21：在"三维格式"选项设置界面中，设置深度颜色与停止点1的颜色相同，深度为"28磅"；设置三维旋转的X值为"2°"，Y值为"130°"，如图3-150所示。

步骤22：在"大小"选项设置界面中，设置形状旋转"16°"，如图3-151所示。

图3-150　设置三维旋转

图3-151　设置图形旋转

步骤23：设置完成后，关闭对话框，在平行四边形和梯形之间插入一个绿色的平行四边形，在梯形和右箭头形状之间插入一个紫色的平行四边形，并将其放在合适的位置，选择梯形，通过"绘图工具—格式>编辑形状>编辑顶点"命令，编辑梯形的形状，如图3-152和图3-153所示。

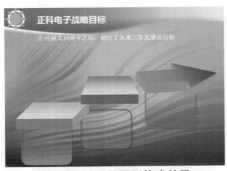

图3-152　设置图形格式效果

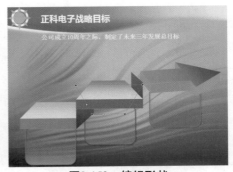

图3-153　编辑形状

步骤24：调整图形的位置，使其紧密相连，通过"插入>形状>任意多边形"命令，沿三个三维图形的轮廓，绘制三个任意多边形，并设置图形为无填充，线条颜色为"白色，背景1"、透明度为"50%"，线条宽度为"2.25磅"，如图3-154和图3-155所示。

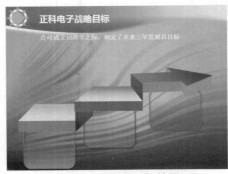

图3-154　编辑形状效果

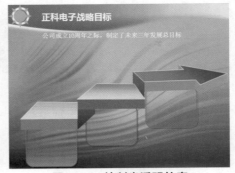

图3-155　绘制半透明轮廓

步骤25：插入三个圆形，设置其填充色分别为浅绿、蓝色和紫色，无轮廓，设置三维格式的顶端效果为"圆"，表面效果材料为"暖色粗糙"、照明为"三点"、角度为"30°"，如图3-156和图3-157所示。

图3-156　设置圆形渐变

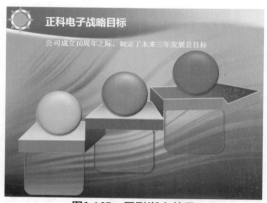

图3-157　圆形渐变效果

步骤26：在圆形的合适位置插入椭圆形，设置渐变填充类型为"线性"、渐变角度为"90°"，渐变光圈中停止点1的位置为0%、停止点2的位置为80%，如图3-158所示。

步骤27：其中，绿色椭圆停止点1的颜色为"橄榄色，强调文字颜色3，深色25%"，停止点2的颜色为"浅绿"；蓝色椭圆停止点1的颜色为"蓝色，强调文字颜色1，深色50%"，停止点2的颜色为"蓝色"；紫色椭圆停止点1的颜色为红102、绿0、蓝255，停止点2的颜色为红：153、绿：0、蓝：255，如图3-159所示。

图3-158　设置椭圆渐变

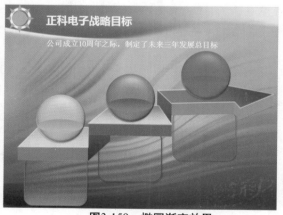

图3-159　椭圆渐变效果

步骤28：在圆球顶部插入无轮廓的渐变透明椭圆，设置渐变类型为"线性"、渐变角度为"90°"，渐变光圈停止点1和停止点2的颜色均为"白色，背景1"，其中停止点2的位置为83%、透明度为100%，设置完成后，将其复制到其他两个圆球顶部，如图3-160所示。

步骤29：单击"插入"选项卡中的"图片"按钮，如图3-161所示。

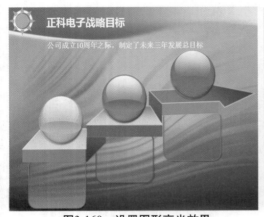

图3-160　设置图形高光效果　　　　图3-161　单击"图片"按钮

步骤30：在打开的"插入图片"对话框中，选择多个图片，单击"插入"按钮，如图3-162所示。

步骤31：将选中的图片插入到幻灯片页面，根据需要调整图片的大小和位置，如图3-163所示。

图3-162　选择合适的图片

图3-163　调整图片的大小和位置

步骤32：通过"图片工具—格式>裁剪>裁剪为形状"命令，将图片分别裁剪为椭圆形和圆角矩形，如图3-164和图3-165所示。

图3-164 选择"椭圆"

图3-165 裁剪形状效果

步骤33：通过"图片工具—格式>颜色>重新着色"命令，将下方的三个图形分别着色，如图3-166所示，从左至右依次应用"橄榄色，强调文字颜色3 浅色"、"蓝色，强调文字颜色1 深色"、"紫色，强调文字颜色4 浅色"。

步骤34：通过"绘图工具—格式>图形效果>发光"命令，为圆球中的三个图片设置发光效果，从左至右依次设置为"橄榄色，8pt发光，强调文字颜色3"、"蓝色，8pt发光，强调文字颜色1"、"紫色，8pt发光，强调文字颜色4"，如图3-167所示。

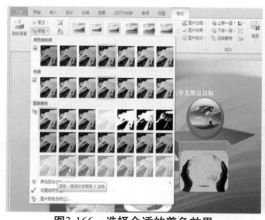

图3-166 选择合适的着色效果

图3-167 设置图片发光效果

步骤35：将原稿中的小标题内容复制到当前的演示文稿，并设置字体为宋体、字号为18号，并应用艺术字效果"填充-白色，投影"，如图3-168所示。

步骤36：将正文内容复制到当前演示文稿，设置字体为华文楷体、16号、加粗显示，如图3-169所示。至此完成该效果的制作。

图3-168　输入小标题文本

图3-169　输入正文文本

3.4　技　巧　放　送

1. 批量修改字体

单击"开始"选项卡中"替换"右侧的下拉按钮，从下拉菜单中选择"替换字体"选项，打开"替换字体"对话框，在"替换"文本框用输入需要替换的字体，在"替换为"文本框中输入想要修改成的字体，单击"替换"按钮即可。

2. 快捷键调整字体大小

用户还可以通过组合键对字号进行小幅度调整，在键盘上按下Ctrl + [组合键可将字体缩小一号，按Ctrl +] 组合键可将字体放大一号。

3. 将文字嵌入PPT中

如果在PPT中使用了自己安装的字体，而不知道其他机器中是否安装了这些字体，为了使PPT可以正常演示而不被还原为默认字体，可以将文字嵌入PPT中。

执行"文件>另存为"命令，弹出"另存为"对话框，单击"工具"按钮，从展开的列表中选择"保存选项"，如图3-170所示。在打开的"PowerPoint选项"对话框中，勾选"将字体嵌入文件"复选框即可，如图3-171所示。

图3-170　"另存为"对话框

图3-171　"PowerPoint选项"对话框

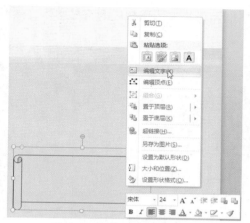

图3-172　在图形中添加文字

还可以根据需要选择"仅嵌入演示文稿中使用的字符(适于减小文件大小"或者"嵌入所有字符(适于其他人编辑)",选择前一项无法继续使用这些字体编辑新的文字,选择后者则可以在没有安装该字体的机器上继续编辑文字,不过保存的文件体积会大一些。

4. 在图形中添加文字

如果需要在插入的图形中输入文本内容,可以直接在图形上右击,然后选择"编辑文字"命令,即可以在图形中输入文本内容,如图3-172所示。

5. 公式的插入

对于一些数学老师来讲,制作课件时难免要涉及公式的输入,PowerPoint提供了功能强大的公式输入功能,在"插入"面板中,单击"插入公式"按钮,可以看到一些常用的公式,可以直接选择进行修改,如图3-173所示。如果没有你想要的,则可以单击最下面的"插入新公式",在展开的设计面板中进行输入,如图3-174所示。

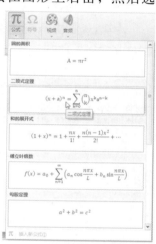

图3-173　选择输入的公式

图3-174　公式设计面板

6. 特殊符号的插入

对于一些特殊符号,通过键盘往往是插入不了的,这时就要借助于其他方法。下面介绍两种常用的方法。

1) 插入字体符号

在Office中有一些字体是专门输入特殊符号的,被称为符号字体,如Wingdings、Wingdings2、Wingdings3等。一些常用的符号基本上都可以找到。单击"插入"面板中的"符号"按钮，可以打开"符号"对话框，在其中选择相应的符号字体，然后选择对应的符号即可，如图3-175所示。

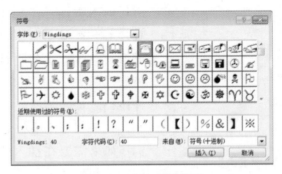

图3-175　插入特殊符号

另外，通过一些中文字体，还可以输入一些不常见的汉字、偏旁等，如图3-176和图3-177所示。

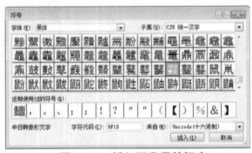

图3-176　插入不常见的汉字

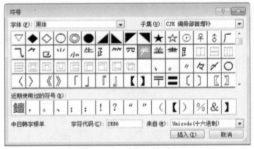

图3-177　插入偏旁

2）通过输入法插入符号

在常见的汉字输入法中，都有一些软键盘，利用这些键盘可以输入一些特殊的字符，如拼音、标点、数学序号等，如图3-178所示。有一些输入法还专门设计了自己的符号库供用户使用，如图3-179所示为QQ五笔输入法的符号输入器。

图3-178　软键盘

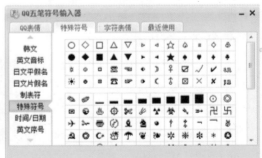

图3-179　QQ五笔符号输入器

第4章
让数据分析更加生动

　　制作PPT的时候难免要面对一些数据的处理问题，特别是像一些产品的销售情况、企业的收益率、人事的统计等问题。对于PPT受众来讲，面对大量的数据往往会感到枯燥乏味，除非那是关于他们的奖金数目。因此作为PPT的制作者来讲，就要设法将这些数据表达得更容易理解，更加直观且生动。在PPT中，要想将这些数据进行有效的处理，那么图表和表格则是必不可少的工具。本章我们就对这两个知识点作一些详细的分析。

4.1　知识点突击速成

4.1.1　表格基础操作快速掌握

当幻灯片中需要使用大量数据，而这些数据又不能以文本或图片的形式来清晰地传达时，就需要用到表格。表格可以将散乱的数据分门别类地放在一张表中，实现数据的集中管理，方便用户对数据进行分析，从而清晰直观地传达信息，使演示文稿得到最佳的演示效果。

1. 创建表格

在PPT中可以通过"插入"选项卡中的"表格"按钮，来完成表格的插入或者手动绘制表格，方法均比较简单，下面介绍其中的一种方式。

单击"插入"选项卡中的"表格"按钮，弹出的列表上方是一个表格框，拖动鼠标可以确定表格的行数和列数，并能在幻灯片页面中实时预览表格样式，选择完成后单击鼠标即可创建表格，如图4-1和图4-2所示。

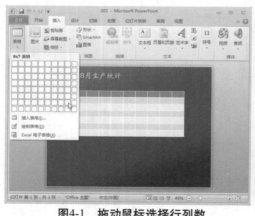

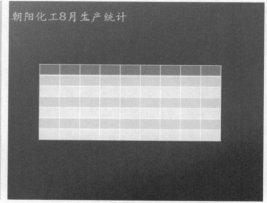

图4-1　拖动鼠标选择行列数　　　　　图4-2　在幻灯片页面中插入表格

但是利用表格框最多只能插入8行10列的表格，若不能满足需求，可以选择列表中的"插入表格"选项，在弹出的"插入表格"对话框中进行设置。

除此之外，一些固定版式的幻灯片中的占位符都包含表格按钮，单击该按钮也可以创建一个表格，如图4-3所示。

图4-3　单击"插入表格"按钮

2. 调整表格

表格创建完成后，用户还需要调整其行高或列宽、添加行或列、合并单元格以及调整表格大小，等等，这些操作可以通过表格的布局面板来实现，如图4-4所示。操作上也比较简单，下面简要进行说明。

图4-4　表格的"布局"选项卡

123

1) 添加行或列

通过工具栏中的"在上方插入"、"在下方插入"、"在左侧插入"和"在右侧插入"几个按钮可以完成行和列的插入。如果需要插入几行或者几列，则可以先选择几行或者几列后再插入。当然也可以通过右键菜单的方式来插入。

2) 删除行或列

删除行或列的操作也很简单，只需将光标定位至某一单元格，单击选项卡上的"删除"按钮，从展开的列表中进行选择即可。同样也可以利用右键快捷菜单进行删除。

3) 合并与拆分单元格

选择需要合并的单元格，然后单击"布局"选项卡中的"合并单元格"按钮，即可将所选单元格合并。

若要拆分单元格，可以单击"布局"选项卡中的"拆分单元格"按钮，弹出"拆分单元格"对话框，设置行数和列数，再单击"确定"按钮即可，如图4-5所示。

图4-5　"拆分单元格"对话框

4）调整行高和列宽

将鼠标指针移至需要调整行高或列宽的单元格边线上，此时鼠标指针将变为 ÷ 或 ╫ 形状，按住鼠标左键不放上下或左右拖动即可调整行高或列宽。

如果需要精确设置，也可以通过布局选项卡中的高度和宽度数值进行设置。

5）分布行和分布列

若需要将表格中的一些行的高度或者列的宽度进行平均分布，则可以单击"布局"选项卡中的"分布行"和"分布列"按钮，来调整行高和列宽。

6）调整表格大小

通常在PPT中，表格的大小并不需要精确的值来确定，用户可以通过拖动鼠标的方式改变其大小，将鼠标移至表格的控制点，此时鼠标指针将变为双向的箭头，按住鼠标左键，即可进行拖动。当然如果确实需要精确的大小，则可以在"布局"选项卡的表格宽度和高度值中进行输入。

3. 美化表格

1）套用表格样式

插入幻灯片页面的表格都有一个默认的样式，用户也可以利用PowerPoint提供的表样式进行修改。方法是选中表格，在"设计"选项卡的"表格样式"组中选择适合的表格样式，如图4-6所示。

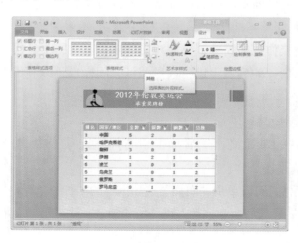

图4-6　选择表格样式

2) 设置表格底纹

如果要添加或者修改表格的底纹效果，可以通过"设计"选项卡中的"底纹"按钮来实现，其中包括主题颜色、标准色、图片填充、渐变填充、纹理填充等，如果要设置整个表格的背景，则可以选择表格背景项，如图4-7所示。

图4-7　设置单元格颜色

3) 设置表格框线

表格框线的设置包括框线颜色和边框线条的设置以及边框显示方式的设置，通过图4-8～图4-11所示的内容，可以分别设置边框的颜色、线型、粗细以及边框的显示方式。

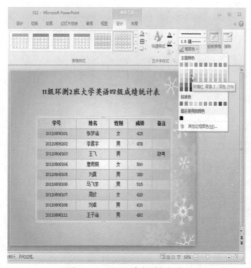

图4-8　设置边框的颜色

图4-9　设置边框的线型

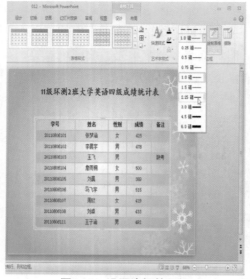

图4-10　设置边框的粗细

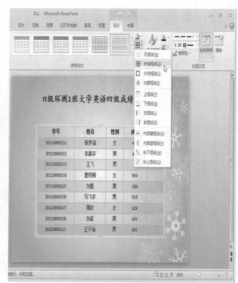

图4-11　设置边框的显示方式

4) 设置表格的特殊效果

表格的特殊效果可以分为表格的凹凸效果、阴影效果以及映像效果三种，选择整个表格，单击"设计"选项卡中的"效果"按钮，在弹出的列表中，可以根据需要进行选择，如图4-12所示。

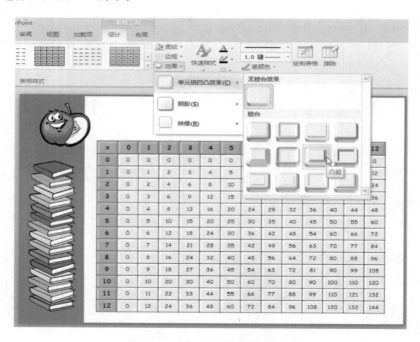

图4-12　选择合适的单元格效果

4.1.2　图表基础快速掌握

图表以图形的方式直观地传达数据信息，当需要对大量的数据进行分析时，使用图表可以让数据更加直观、形象地体现数据之间的关系，并能增强幻灯片内容的说服力。

1. 图表类型介绍

PowerPoint 2010提供了11种不同类型的图表可供用户选择，分别为柱形图、折线图、饼图、条形图、面积图、XY（散点图）、股价图、曲面图、圆环图、气泡图以及雷达图。下面对不同类型的图表进行详细的介绍。

1）柱形图

柱形图用于显示一段时间内的数据变化或说明各项之间的比较情况。在柱形图中，通常沿横坐标轴组织类别，沿纵坐标轴组织值，如图4-13所示。

2）折线图

可以将排列在工作表中行或列中的数据绘制到折线图中。折线图显示随时间（根据常用比例设置）而变化的连续数据，适用于显示在相等时间间隔下数据的趋势。在折线图中，类别数据沿水平轴均匀分布，所有值数据沿垂直轴均匀分布，如图4-14所示。

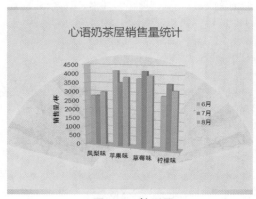

图4-13　柱形图

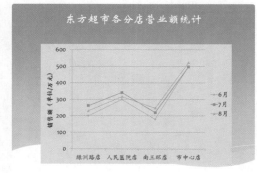

图4-14　折线图

3）饼图

排列在工作表中一列或一行中的数据可以绘制到饼图中。饼图显示一个数据系列中各项的大小与各项总和的比例，饼图中的每块区域显示为整个饼图的百分比，如图4-15所示。

4）条形图

与柱形图类似，条形图也是显示各个项目之间的比较情况，如图4-16所示。

图4-15　饼图

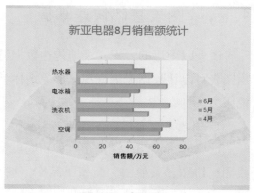

图4-16　条形图

5) 面积图

面积图强调数量随时间而变化的程度，也可用于引起人们对总值趋势的注意。例如，表示随时间而变化的利润的数据可以绘制在面积图中以强调总利润，如图4-17所示。

6) XY 散点图

散点图显示若干数据系列中各数值之间的关系，将序列显示为一组点，值由点在图表中的位置表示，通常用于比较跨类别的数据，如图4-18所示。

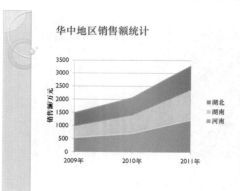

图4-17　面积图

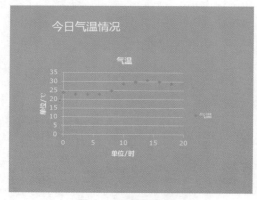

图4-18　XY散点图

7) 股价图

股价图经常用来显示股价的波动，这种图表也可用于科学数据的统计。例如，可以使用股价图来显示每天或每年温度的波动，但是必须按正确的顺序组织数据才能创建股价图，如图4-19所示。

8) 曲面图

如果用户要找到两组数据之间的最佳组合，可以使用曲面图。就像在地形图中一样，颜色和图案表示具有相同数值范围的区域。当类别和数据系列都是数值时，可以使用曲面图，如图4-20所示。

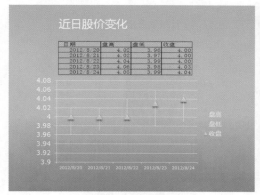

图4-19　股价图

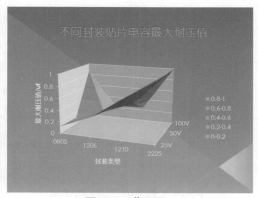

图4-20　曲面图

9) 圆环图

像饼图一样，圆环图显示各个部分与整体之间的关系，但是它可以包含多个数据系列，不像饼图一样只能包含一个数据系列，如图4-21所示。

10) 气泡图

气泡图与XY散点图类似，不同之处在于，XY散点图对成组的两个数值进行比较，而气泡图对成组的三个数值进行比较，第三个数值确定气泡数据点的大小。如图4-22所示。

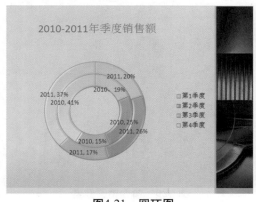

图4-21　圆环图

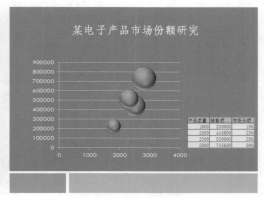

图4-22　气泡图

11) 雷达图

雷达图是财务分析报表的一种。即将一个公司的各项财务分析所得的数字或比率，就其比较重要的项目集中画在一个圆形的固表上，来表现一个公司各项财务比率的情况，使用者能一目了然地了解公司各项财务指标的变动情形及其好坏趋向。

主要应用于企业经营状况(收益性、生产性、流动性、安全性和成长性)的评价。因其形态像雷达而得名，如图4-23和图4-24所示。

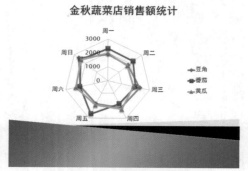

图4-23　带数据标记的雷达图　　　　图4-24　填充雷达图

2. 创建图表

既然有多种类型的图表可以应用于实际工作和生活中，那么该如何创建图表呢，其操作步骤如下。

步骤1：选择幻灯片，执行"插入>图表"命令，在打开的"插入图表"对话框中选择合适类型的图表，单击"确定"按钮，如图4-25所示。

步骤2：程序自动打开Excel工作表，输入与图表相关的数据，输入完毕，单击"关闭"按钮即可，如图4-26所示。

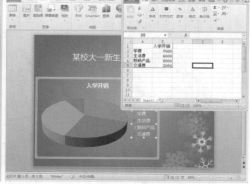

图4-25　选择图表类型　　　　图4-26　输入相关数据

3. 编辑图表

图表创建完成后，用户可以根据需要对图表进行编辑，主要包括编辑图表数据、更改图表布局以及设置数据系列等。

1) 编辑图表数据

编辑图表中的数据包括为图表添加新数据、删除图表中的行和列、重新定义数据源以及图表中行列数据的切换等操作。

(1) 为图表添加新数据

单击"图表工具—设计"选项卡中的"编辑图表"按钮，弹出Excel工作表，将鼠标指针移至单元格区域右下角，当鼠标指针变为斜向的箭头 时，向下拖动即可添加新行，如图4-27所示。若向右拖动鼠标，则可添加列。

(2) 删除图表中的行和列

若需要删除图表中的行或列，只需在打开的Excel工作表中选中该行，然后右键单击，从弹出的快捷菜单中选择"删除"命令即可，如图4-28所示。

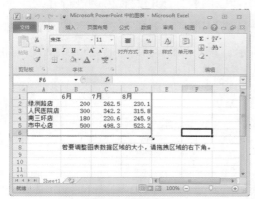

图4-27　拖动鼠标

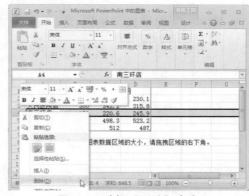

图4-28　选择"删除"命令

(3) 改变数据行或列在图表中的位置

在打开的Excel工作表中选择A4:D4单元格中的数据，当鼠标指针变为 样式时，按住鼠标左键拖动至合适位置，释放鼠标即可，如图4-29所示。

(4) 图表中行列数据的切换

单击"图表工具—设计"选项卡中的"编辑数据"按钮，弹出Excel工作表，然后返回到演示文稿，单击"切换行/列"按钮即可。

图4-29　移动数据

（5）重新定义数据源

单击"图表工具—设计"选项卡中的"选择数据"按钮，弹出"选择数据源"对话框，在"图表数据区域"文本框中，更改数据区域，如图4-30所示。

图4-30　重新定义数据区域

2）更改图表布局

插入图表后，还可以对图表的布局进行适当的设计，包括改变图表标题、图例、数据标签以及坐标轴，等等。

选择图表，切换至"图表工具—布局"选项卡，在标签组中，可以对图表的标题、图例等进行设置，其设置方法类似，下面以图表标题的设置为例进行介绍。

单击"图表标题"按钮，从列表中进行选择即可，若需要进一步的设置，可选择"其他标题选项"选项，如图4-31所示。在打开的对话框中进一步设置，如图4-32所示。

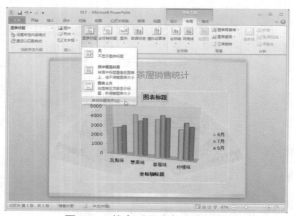

图4-31　单击"图表标题"按钮

图4-32　"设置图表标题格式"对话框

3）设置数据系列

数据系列的设置可分为更改数据系列的形状、设置数据系列间距以及设置数据系列的填充效果。

选择图表，单击"图表工具—布局"选项卡中的"图表元素"下拉按钮，从列表中选择"系列'6月'"选项，如图4-33所示，可将6月数据系列选中，然后单击下方的"设置所选内容格式"按钮，在打开对话框中的"形状"选项中，选中"圆柱图"单选按钮，关闭对话框即可，如图4-34所示。

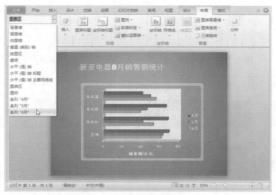

图4-33　选择6月数据系列

图4-34　"设置数据系列格式"对话框

在"设置数据系列格式"对话框的"系列选项"选项中，可以对数据系列的间距进行设置；在"填充"选项可以设置数据系列的填充效果等。

4.2　高手经验

4.2.1　表格制作禁忌事项

什么样的表格才受欢迎呢？关于美的准则是见仁见智。但是，有一些数据表达的方式肯定是观众不会喜欢的，下面来看看以下哪几种数据表达的方式不受喜爱吧！在以后的工作中千万要注意哦！

1. 忌重点不突出

在PPT中应用表格是为了展示数据，从而表达某个观点、展示某项成果、证明某个结论或者是总结汇报项目进度，因此表格中的数据必须要有侧重点，如果只是简单地将数据输入到表格中，把总结或者计算的工作留给受众，受众是不会喜欢的，如图4-35所示。将表格中的重点内容进行小小的改动后，重点内容突出显示，就会受到大众的喜爱，如图4-36所示。

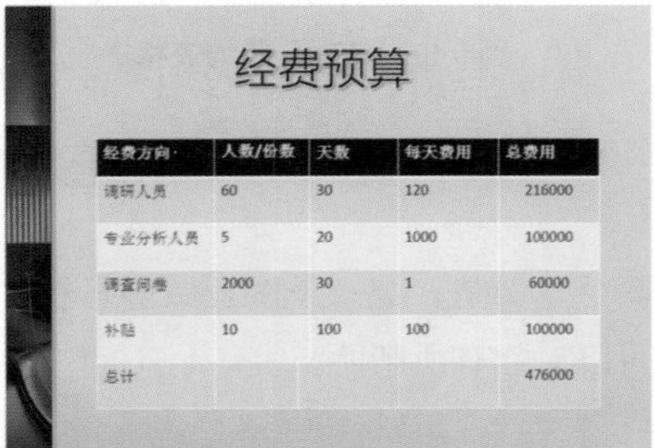

图4-35　重点内容不突出的表格 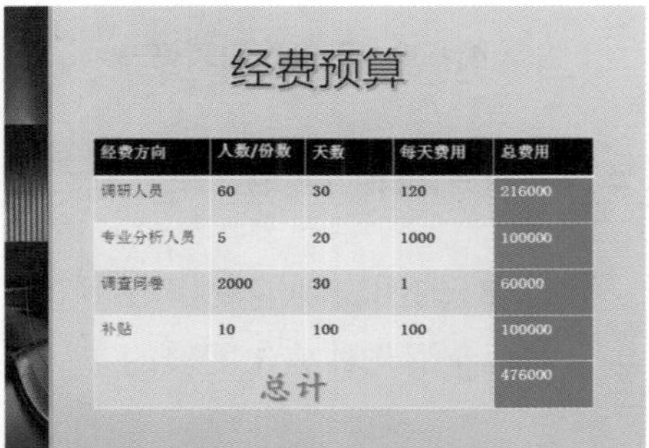　　　　　图4-36　突出重点内容的表格

133

2. 忌粗糙

在运用表格表达数据时，不要只是粗制滥造地加工一下就放在那里了，也不管表头是不是错乱，行列是否统一，劣质货谁会喜欢呢？如图4-37所示。大家都会钟情统一、简洁而又精美的表格，如图4-38所示。

<table>
<tr><th colspan="7">媒体宣传费用预算</th></tr>
<tr><th>媒体种类</th><th>发布形式</th><th>单价</th><th>折扣</th><th>次数</th><th>总费用</th><th>备注</th></tr>
<tr><td rowspan="3">主力媒体</td><td>黄金剧场角标</td><td>5000</td><td>50%</td><td>10</td><td>25000</td><td>地方卫视播出</td></tr>
<tr><td>25秒CF篇</td><td>10000</td><td>80%</td><td>8</td><td>64000</td><td>写字楼电梯广告</td></tr>
<tr><td>600字软文炒作</td><td>3000</td><td>90%</td><td>4</td><td>10800</td><td>地方主流报纸上刊登</td></tr>
<tr><td rowspan="2">大众媒体</td><td>半版彩色硬广告</td><td>800</td><td>80%</td><td>2</td><td>12800</td><td>都市晨报上刊登</td></tr>
<tr><td>小册子+试用装</td><td>2</td><td>0%</td><td>5000</td><td>10000</td><td>瑞丽·伊人上刊登</td></tr>
<tr><td colspan="2">总计</td><td></td><td></td><td></td><td>122600</td><td></td></tr>
</table>

图4-37　粗制滥造的表格

<table>
<tr><th colspan="7">媒体宣传费用预算</th></tr>
<tr><th>媒体种类</th><th>发布形式</th><th>单价</th><th>折扣</th><th>次数</th><th>总费用</th><th>备注</th></tr>
<tr><td rowspan="3">主力媒体</td><td>黄金剧场角标</td><td>5000</td><td>50%</td><td>10</td><td>25000</td><td>地方卫视播出</td></tr>
<tr><td>25秒CF篇</td><td>10000</td><td>80%</td><td>8</td><td>64000</td><td>写字楼电梯广告</td></tr>
<tr><td>600字软文炒作</td><td>3000</td><td>90%</td><td>4</td><td>10800</td><td>地方主流报纸上刊登</td></tr>
<tr><td rowspan="2">大众媒体</td><td>半版彩色广告</td><td>8000</td><td>80%</td><td>2</td><td>12800</td><td>都市晨报上刊登</td></tr>
<tr><td>小册子+试用装</td><td>2</td><td>0%</td><td>5000</td><td>10000</td><td>瑞丽·伊人上刊登</td></tr>
<tr><td colspan="2">总计</td><td></td><td></td><td></td><td>122600</td><td></td></tr>
</table>

图4-38　精心制作的表格

3. 忌无条理

你是否遇到过这种情况呢，自己辛辛苦苦制作的表格，客户或者同事竟然无法读懂，在制作表格时，不应当以自我的思维为中心，随意地制作表格，如图4-39所示。而应该将数据大众化、化繁就简地将专业性或者比较难懂的数据表达出来，并且在需要注释的地方，加上一定的注释，如图4-40所示。

<table>
<tr><th colspan="2">我们的广告费用花在了哪些地方？</th></tr>
<tr><th>媒体性质</th><th>费用（万）</th></tr>
<tr><td>电视</td><td>300</td></tr>
<tr><td>报媒</td><td>30</td></tr>
<tr><td>杂志</td><td>20</td></tr>
<tr><td>新颖网络媒体</td><td>50</td></tr>
</table>

图4-39　无条理的表格

<table>
<tr><th colspan="3">我们的广告费用花在了哪些地方？</th></tr>
<tr><th>媒体性质</th><th>费用（万）</th><th>占总费用比例（%）</th></tr>
<tr><td>电视</td><td>300</td><td>75</td></tr>
<tr><td>报媒</td><td>30</td><td>7.5</td></tr>
<tr><td>杂志</td><td>20</td><td>5</td></tr>
<tr><td>新源网络媒体</td><td>50</td><td>12.5</td></tr>
</table>

图4-40　条理分明的表格

4.2.2　图表的美化

根据PPT的图表功能制作出一个图表很简单，但是，把一个图表做得好看并不容易，下面介绍几种美化图表的方法，希望可以对你有所帮助。

1. 要选对图表样式

PPT提供了48种不同的内置样式供用户选择，用户还可以自定义图表样式，但是，用户不可以盲目地设置图表样式，而是需要根据当前页面布局进行选择，若图表的背景墙、图表颜色与页面背景不搭配，会降低受众的阅读欲望，如图4-41所示。而合适的图表样式则会吸引读者的目光，如图4-42所示。

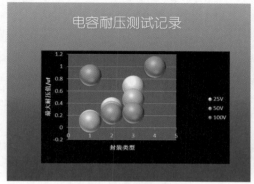

图4-41　图表样式很差

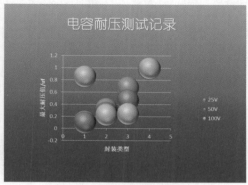

图4-42　合适的图表样式

2. 利用形象化的图像填充

在制作图表时，如有可能，尽量不要使用条形图、圆柱图等这些常见的图形来表示数据，这种枯燥、呆板的表示方法让人提不起兴致，如图4-43所示。将需要传达的数据尽可能地用图片来代表原有的条形或者圆柱，则会得到意想不到的效果，如图4-44所示。

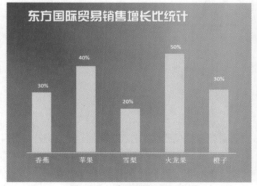

图4-43　条形图显示效果

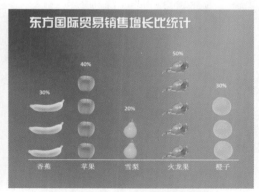

图4-44　形象化的图表显示效果

3. 尽可能简化图表，突出重点

图表不能颜色太花哨，像一个调色盘；整个页面不能充斥太多无关信息；页面背景色也不要太过华丽，会有喧宾夺主之嫌，如图4-45所示。而中性的页面背景、简洁有力的数据以及色彩简单的图表，更加有说服力，如图4-46所示。

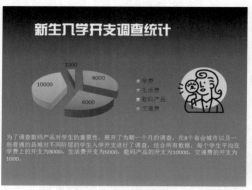

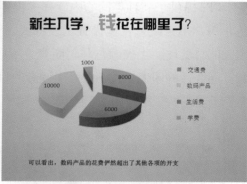

图4-45　复杂的图表

图4-46　精简后的图表

4.3　实 例 进 阶

4.3.1　制作百分比条形图表

在制作百分比条形图时，若只是简单地将几个形状摆放在一起，不够生动，也不能吸引读者注意，如图4-47所示，而如图4-48所示的效果则会给人耳目一新的感觉。下面将对该案例的制作进行介绍。

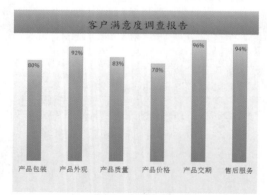

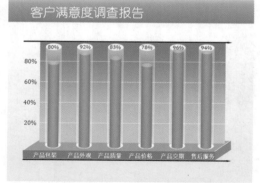

图4-47　初始效果

图4-48　百分比条形图显示效果

步骤1：打开素材文件(光盘：\ch04\实例进阶\素材\制作百分比条形图.pptx)，为了方便设置图形，将页面中的形状和文本框删除，如图4-49所示。

步骤2：执行"插入>形状>平行四边形"命令，在页面中插入一个平行四边形作为图表的底座，如图4-50所示。

图4-49　删除多余的对象

图4-50　选择"平行四边形"

步骤3：选择插入的图形，右键单击，从弹出的快捷菜单中选择"设置形状格式"命令，如图4-51所示。

步骤4：设置填充色为"深蓝，文字2，淡色25%"，线条颜色为"白色，背景1"，线宽为2.5磅。在"三维格式"选项中，设置深度颜色为"深蓝，文字2，淡色25%"，深度为25磅，表面效果材料为"暖色粗糙"，照明为"对比"，角度为"60°"，如图4-52所示。

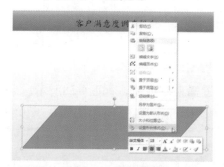

图4-51　选择"设置形状格式"命令

图4-52　设置三维格式效果

步骤5：切换至"三维旋转"选项，设置旋转的X值为70°、Y值290°、Z值为291.2°，单击"关闭"按钮，如图4-53所示。

步骤6：返回幻灯片页面，查看设置效果，如图4-54所示。

图4-53　设置三维旋转效果

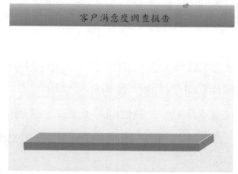

图4-54　设置形状格式效果

137

步骤7：同样利用"插入>形状"命令，在页面绘制一个合适大小的矩形作为图表的背景墙，打开"设置形状格式"对话框，设置渐变填充类型为"线性"，渐变角度为"90°"，渐变光圈停止点1的颜色为"深蓝，文字2，淡色25%"，停止点2的颜色为"深蓝，文字2，淡色75%"，如图4-55所示。

步骤8：设置图形无轮廓，单击"关闭"按钮，关闭对话框，如图4-56所示。

图4-55　设置渐变填充

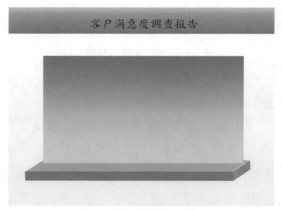

图4-56　绘制背景墙效果

步骤9：在页面中插入4条宽度为0.75磅的白色直线，并通过"绘图工具—格式>对齐>纵向分布"命令将其纵向分布，如图4-57所示。

步骤10：利用文本框，在线条左侧合适位置插入刻度值，如图4-58所示。

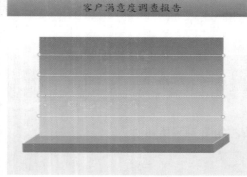

图4-57　绘制刻度线

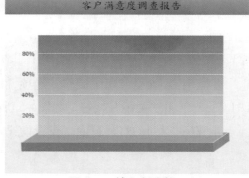

图4-58　输入刻度值

步骤11：在页面中插入一个圆柱形，设置其渐变填充类型为"路径"，渐变光圈中停止点1的位置为56%、颜色为"白色，背景1"、透明度为100%，停止点2的位置为100%、颜色同停止点1、透明度为40%，如图4-59所示。

步骤12：在"线条颜色"选项，选中"无线条"单选按钮，关闭对话框，如图4-60所示。

图4-59 设置渐变填充

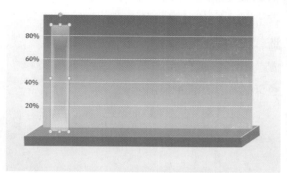

图4-60 设置渐变圆柱形效果

步骤13：在圆柱形的顶部和底部分别插入同样大小的无轮廓白色椭圆，如图4-61所示。

步骤14：选择圆柱形和两个椭圆，右键单击，执行"组合>组合"命令，如图4-62所示。

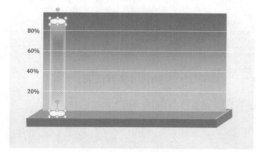

图4-61 插入白色椭圆

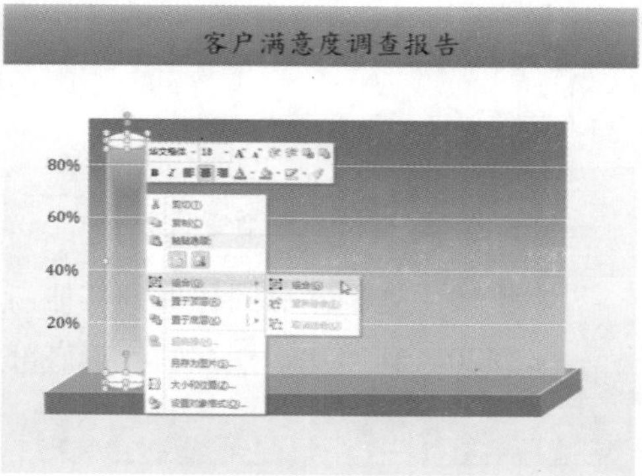

图4-62 组合图形

步骤15：复制出5个组合图形，将所有组合图形选中，执行"绘图工具—格式>对齐>顶端对齐"命令，如图4-63所示。

步骤16：执行"绘图工具—格式>对齐>横向分布"命令，将组合图形横向分布，如图4-64所示。

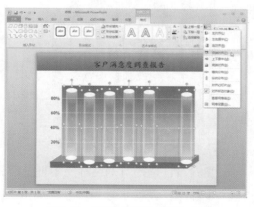

图4-63 选择"顶端对齐"命令

步骤17：在页面中插入一个圆柱形，设置渐变填充类型为"线性"，停止点1和停止点3的颜色均为"深蓝，文字2，淡色25%"，停止点2的位置为50%、颜色为"深蓝，文字2，淡色50%"，如图4-65所示。

步骤18：在"线条颜色"选项，设置图形无线条，如图4-66所示。

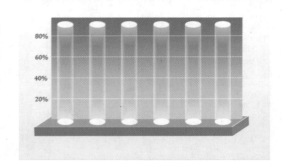

图4-64　横向分布图形

图4-65　设置渐变填充

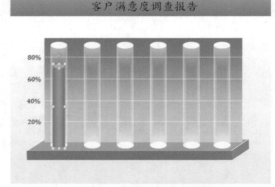

图4-66　图形渐变填充效果

步骤19：复制蓝色圆柱形到其他白色透明圆柱形中，如图4-67所示。

步骤20：利用文本框在圆柱形底部输入类别名称，如图4-68所示。

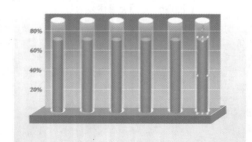

图4-67　复制出多个图形

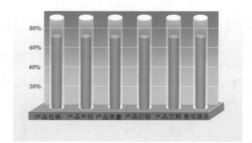

图4-68　输入名称

步骤21：选择类别名称文本框，设置字体为"楷体"，如图4-69所示。

步骤22：设置字号为16号、加粗、阴影效果，然后设置字体颜色为"白色，背景1"，如图4-70所示。

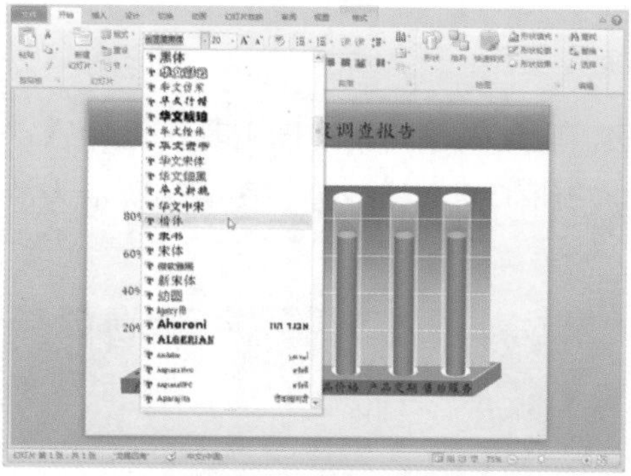

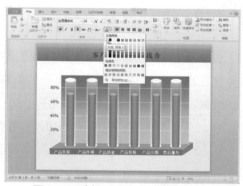

图4-69　选择"楷体"

图4-70　选择"白色，背景1"

步骤23：在白色圆柱形顶部输入数值，如图4-71所示。

步骤24：根据数值调节蓝色圆柱形的高度，使其与数值匹配，如图4-72所示。

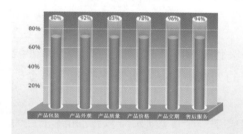

图4-71　输入数值文本

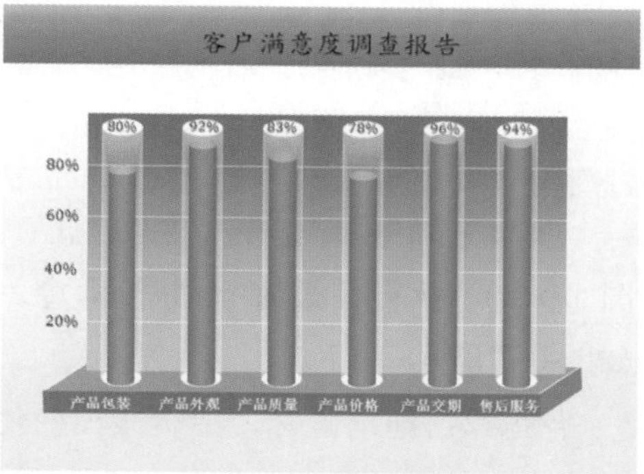

图4-72　调节图形高度

141

步骤25：为了使图表更加美观，在图表区域的顶部和底部插入黑色右箭头，设置箭头宽度为3磅，如图4-73所示。

步骤26：选择标题文本，设置其"字体"为"幼圆"、"字号"为"36号"，然后应用艺术字效果"填充-白色，投影"，如图4-74所示。

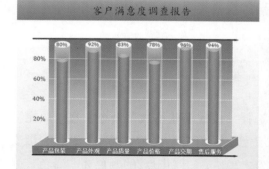

图4-73　在图表区域插入黑色箭头

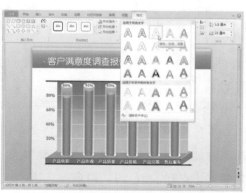

图4-74　选择"填充-白色，投影"艺术字

4.3.2 制作收益分析折线图表

下面介绍一款收益分析折线图的制作方法，它比以往的折线图更具有立体感，并且顶点为平滑顶点，看起来更加美观。图4-75所示为初始效果，图4-76所示为最终效果。

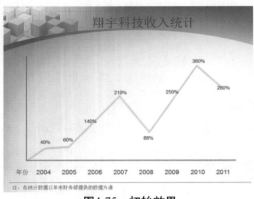

图4-75　初始效果

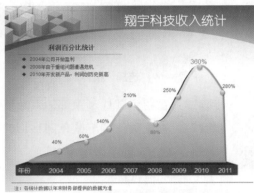

图4-76　收益分析折线图效果

步骤1：打开素材文件(光盘：\ch04\实例进阶\素材\制作收益分析折线图.pptx)，执行"插入>形状"命令，从展开的列表中选择"任意多边形"命令，如图4-77所示。

步骤2：拖动鼠标，沿折线图变化的方向绘制一个多边形，起始点和终止点为折线第一点的正下方，如图4-78所示。

图4-77　选择"任意多边形"命令

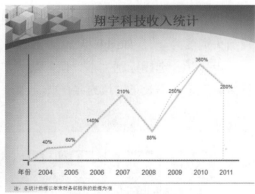

图4-78　绘制多边形

步骤3：右击，在弹出的快捷菜单中选择"设置形状格式"命令，在"填充"选项设置界面中，设置渐变填充类型为"线性"、渐变角度为"90°"，设置渐变光圈停止点1的颜色为"白色"、透明度为"20%"，停止点2的颜色为"青色，强调文字颜色1"，其他保持默认，如图4-79所示。

步骤4：在"三维格式"选项设置界面中，设置棱台的顶端效果为"角度"，高度和宽度均为"7磅"；深度"颜色"为红0、绿102、蓝102，"深度"为"17.9磅"；表面效果材料为"硬边缘"，照明为"平衡"，如图4-80所示。

图4-79 设置渐变填充

图4-80 设置三维格式

步骤5：在"三维旋转"选项设置界面中，选择预设效果为"适度宽松透视"，然后更改旋转值X、Y、Z均为"0°"，透视为"65°"，如图4-81所示。

步骤6：单击"关闭"按钮，返回幻灯片页面，选择设置好的图形，右键单击，在弹出的快捷菜单中选择"编辑顶点"命令，如图4-82所示。

图4-81 设置图形旋转角度

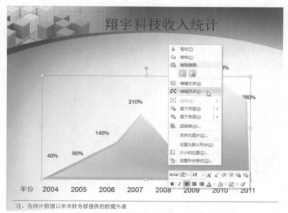

图4-82 选择"编辑顶点"命令

步骤7：图形上方会出现很多黑色的顶点，选择顶点并右击，在弹出的快捷菜单中选择"平滑顶点"命令，如图4-83所示。

步骤8：如果对效果不满意，还可以拖动编辑顶点的控制柄改变其圆滑程度，如图4-84所示。

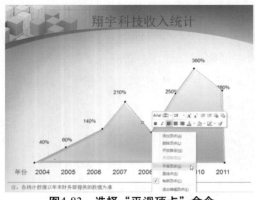

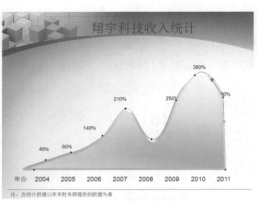

图4-83 选择"平滑顶点"命令　　　　　　图4-84 调整图形的圆滑程度

步骤9：选择编辑好的多边形，执行"绘图工具—格式>下移一层>移至底层"命令，将图形移至底层，如图4-85所示。

步骤10：在图形下方插入一个矩形，打开"设置形状格式"对话框，在"填充"选项设置界面中，设置填充颜色为红46、绿46、蓝46；在"线条颜色"选项设置界面中，设置无线条；在"三维格式"选项设置界面中，设置棱台的顶端和底端效果均为"角度"、宽度和高度均为"1磅"，深度"颜色"为"灰色-25%，背景2，深色25%"，"深度"为"141磅"，如图4-86所示。

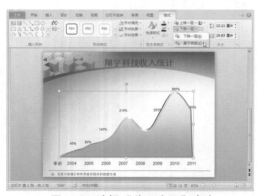

图4-85 选择"移至底层"命令　　　　　　图4-86 设置底座三维格式

步骤11：在"三维旋转"选项设置界面中，设置"预设"为"适度宽松透视"，并更改旋转值X、Y、Z值为"0°"，"透视"为"65°"，如图4-87所示。

步骤12：设置完成后，单击"关闭"按钮，关闭对话框。调整底座的叠放次序，将其移至底层，如图4-88所示。

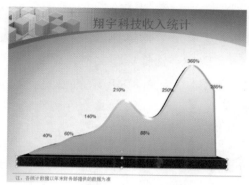

图4-87 设置图形三维旋转　　　　　图4-88 插入底座效果

步骤13：在编辑区插入一个圆形，并设置其形状样式为"强烈效果-金色，强调颜色6"，如图4-89所示。

步骤14：复制出多个金色圆点，并将其移至折线图的合适位置，如图4-90所示。

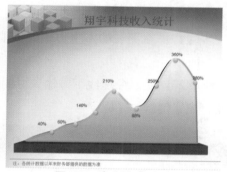

图4-89 选择合适的形状样式　　　　　图4-90 复制多个圆点

步骤15：选择底座上的文本，设置"年份"字体为"微软雅黑"，所有文本颜色为"白色，背景1"，如图4-91所示。

步骤16：选择折线图上方的数值文本框，设置字体颜色为"深紫，文字1，深色25%"，如图4-92所示。

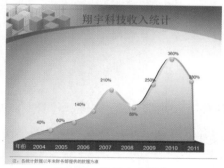

图4-91 设置文本颜色　　　　　图4-92 设置数值的颜色

步骤17：特殊年份(2008、2010)数值的颜色分别设置为红色和紫色，如图4-93所示。

步骤18：选择标题文本，设置字体为幼圆，然后应用艺术字效果"填充-白色，投影"，如图4-94所示。

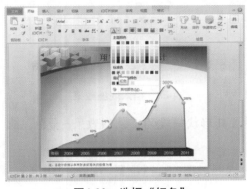

图4-93　选择"红色"　　　　　　　　图4-94　应用艺术字效果

步骤19：在图表的左上方输入说明性文本标题，并插入一条紫色的虚线，如图4-95所示。

步骤20：在紫色虚线下方输入说明性文本，并应用项目符号，如图4-96所示。至此，该案例制作完成。

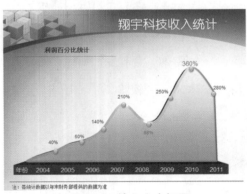

图4-95　输入文本标题

图4-96　应用项目符号

4.3.3　制作销售对比型柱状图表

本小节将介绍一个销售对比型柱状图的制作，利用该图表可以将不同种类的销售额、不同年份的收入、不同商家的综合实力等很好地展示给观众。图4-97所示为初始效果，图4-98所示为最终效果。

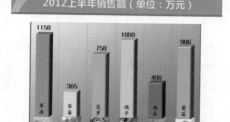

图4-97　初始效果　　　　　　　　图4-98　销售型柱状图

步骤1：打开素材文件(光盘：\ch04\实例进阶\素材\制作销售对比型柱状图.pptx)，选择底部矩形，右击，在弹出的快捷菜单中选择"设置形状格式"命令，如图4-99所示。

步骤2：打开"设置形状格式"对话框，在"三维格式"选项设置界面中，设置"深度"为"9磅"，如图4-100所示。

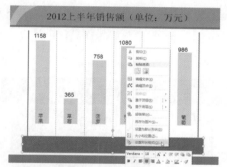

图4-99　选择"设置形状格式"命令

图4-100　设置"三维格式"

147

步骤3：切换至"三维旋转"选项设置界面中，单击"预设"按钮，从列表中选择"适度宽松透视"，并更改Y值为"290°"、"透视"为"70°"，如图4-101所示。

步骤4：单击"关闭"按钮，关闭对话框，返回幻灯片页面并适当调整底座的位置，如图4-102所示。

图4-101　设置三维旋转

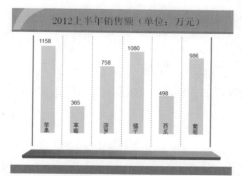

图4-102　设置底座效果

步骤5：在底座上方绘制一个矩形作为图表的背景墙，为其应用渐变效果，停止点1的颜色为"浅黄"，停止点2的颜色为"绿色"、位置为"65%"，停止点3的颜色为"深绿"，设置完成后关闭该对话框即可，如图4-103和图4-104所示。

图4-103　设置渐变填充

图4-104　矩形渐变填充效果

步骤6：选择设置完成的图形，单击"绘图工具—格式"选项卡中的"下移一层"右侧下拉按钮，从列表中选择"移至底层"命令，将该矩形置于底层，如图4-105和图4-106所示。

图4-105　选择"移至底层"命令

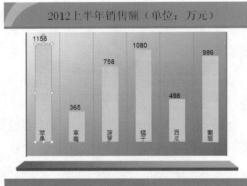

图4-106　将背景墙移至底层

步骤7：选择左侧的条形图，单击"绘图工具—格式"选项卡中的"形状填充"按钮，从展开的列表中选择"其他填充颜色"命令，如图4-107所示。

步骤8：打开"颜色"对话框，在"自定义"选项卡中，设置其颜色为"绿：255、蓝：0、红：102"，并单击"确定"按钮，如图4-108所示。

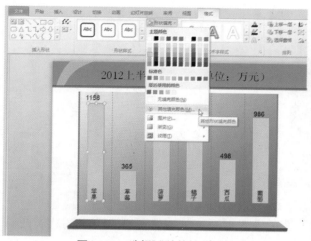

图4-107 选择"其他填充颜色"命令　　　　　　图4-108 自定义颜色

步骤9：按照同样的方法，依次设置其他几个条形图的颜色，其中"草莓"为"黄色"，"菠萝"为"绿：255、蓝：102、红：153"，"橘子"为"橙色"，"西瓜"为"深绿"，"葡萄"为"紫色"，强调文字颜色6，淡色"40%"，如图4-109所示。

步骤10：将素材文件夹中的所有图片选中，将其复制并粘贴至当前幻灯片，调整图片的大小和位置，并移至对应的位置，如图4-110所示。

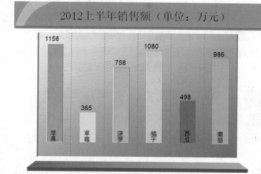
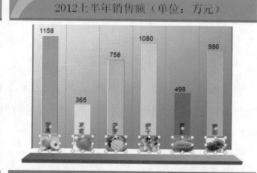

图4-109 为条形图填充不同的颜色　　　　　　图4-110 插入图片

步骤11：选择所有图片及其上方的条形图，打开"设置图片格式"对话框，在"三维格式"选项设置界面中，设置棱台的"顶端"为"圆"、"宽度"为"4磅"、"高度"为5"磅"，"深度"为"35磅"，如图4-111和图4-112所示。

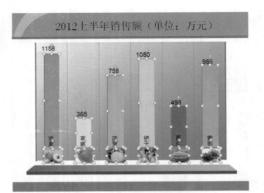

图4-111　选择图片及图形

图4-112　设置三维格式

步骤12：切换至"三维旋转"选项设置界面，单击"预设"按钮，从展开的列表中选择"倾斜右上"，并更改旋转X值为"2°"，如图4-113所示。设置完成后，关闭对话框返回幻灯片页面，调整图片与条形图的位置，如图4-114所示。

图4-113　设置三维旋转

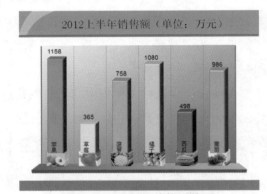

图4-114　设置图片格式效果

步骤13：选择水果名称文本框，设置字体为"华文新魏"、字号为"20号"，如图4-115所示。然后选择条形图上方的数值，设置字体为"Dotum"、字号为"32号"、加粗，如图4-116所示。

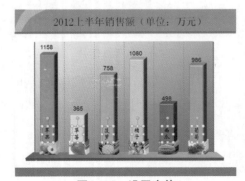

图4-115　设置字体

图4-116　单击"加粗"按钮

步骤14：选择标题文本，设置字体为"微软雅黑"，艺术字效果为"填充-红色，文本，内部阴影"，如图4-117和图4-118所示。至此完成该案例的制作。

图4-117　选择"微软雅黑"　　　　图4-118　选择"填充-红色，文本，内部阴影"

4.3.4　制作结构型圆环图表

下面介绍一个结构型立体式的圆环图表，其中用到的知识包括图形的插入、渐变色的设置、文本的旋转、三维效果以及三维旋转的设置等。图4-119所示为初始效果，图4-120所示为最终效果。

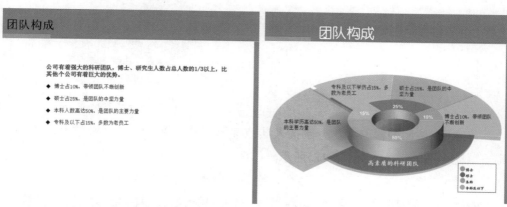

图4-119　初始效果　　　　　　　　图4-120　结构型圆环图表效果

步骤1：打开素材文件(光盘：\ch04\实例进阶\素材\结构型圆环图.pptx)，将文本内容删除，执行"插入>形状>饼形"命令，如图4-121所示。

步骤2：在页面中绘制一个饼形，然后拖动图形的黄色控制点，调整图形的角度，如图4-122所示。

 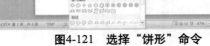

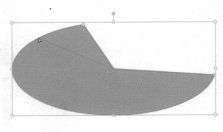

图4-121　选择"饼形"命令　　　　　　　　图4-122　调整饼形的角度

步骤3：打开"设置形状格式"对话框，将图形设置为无轮廓、填充色为红色，在"阴影"选项设置界面中，设置图形阴影效果，如图4-123所示。

步骤4：设置完成后，关闭该对话框，阴影效果如图4-124所示。

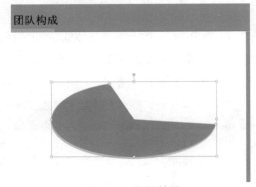

图4-123　设置阴影　　　　　　　　　　　图4-124　阴影效果

步骤5：按照同样的方法分别插入其他扇形，并设置同样的阴影效果，为各个扇形填充合适的颜色，如图4-125所示。

步骤6：通过"插入>形状"命令，绘制一个圆环，如图4-126所示。

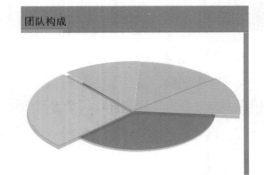

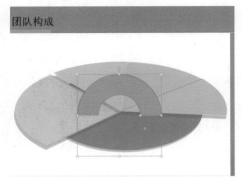

图4-125　绘制多个扇形效果　　　　　　　图4-126　绘制弧形

步骤7：按Ctrl + D组合键复制出三个圆环，并将一个圆环垂直翻转，另外三个圆环顶部对齐，如图4-127所示。

步骤8：调节圆环的控制点，使其首尾相接，调整大小与比例数据基本符合，如图4-128所示。

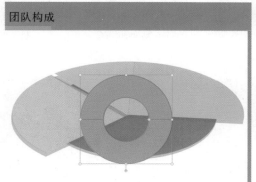

图4-127　复制出多个弧形

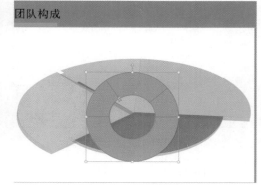

图4-128　调整弧形

步骤9：设置圆环无轮廓，并分别为各个圆环填充合适的颜色，然后选择所有圆弧，按Ctrl + G组合键将所选图形组合，如图4-129所示。

步骤10：选中组合图形，右键单击，从弹出的快捷菜单中选择"设置形状格式"命令，如图4-130所示。

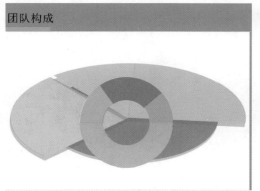

图4-129　设置弧形格式效果

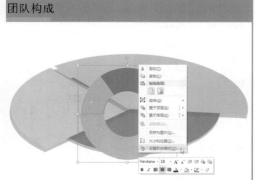

图4-130　选择"设置形状格式"命令

步骤11：打开"设置形状格式"对话框，在"三维格式"选项设置界面中，设置深度颜色为"白色，背景1，深色35%"，深度为"50磅"，如图4-131所示。

步骤12：在"三维旋转"选项设置界面中，设置"预设"为"适度宽松透视"，更改旋转的X值为0°、Y值为295°、Z值为0°、透视为10°，如图4-132所示。

图4-131　设置三维格式

图4-132　设置三维旋转

步骤13：在设置好的圆环中心位置，插入一个渐变椭圆，其渐变类型为"线性"、角度为"45°"，渐变光圈停止点1的颜色为"红色"、亮度为"15%"，停止点2的颜色为"深红"、亮度为"−15%"，如图4-133所示。

步骤14：在"线条颜色"选项设置界面中，设置图形无线条，关闭对话框，返回幻灯片查看效果，如图4-134所示。

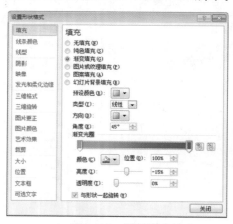

图4-133　设置渐变填充

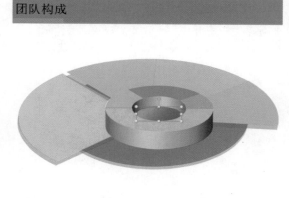

团队构成

图4-134　设置椭圆的填充效果

步骤15：为了使圆环的立体效果更佳，在其底部绘制一个矩形作为阴影，设置渐变填充类型为"路径"，停止点1的颜色为"黑色"，停止点2的颜色为"白色"、透明度为"100%"，如图4-135所示。

步骤16：选择设置好的阴影，多次单击"绘图工具—格式>下移一层"按钮，将阴影移至圆环下方，如图4-136所示。

154

图4-135 设置渐变填充

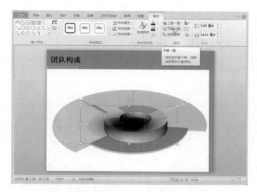

图4-136 单击"下移一层"按钮

步骤17：利用文本框，输入百分比，并设置字体颜色为白色、字号为14号、加粗显示，如图4-137所示。

步骤18：在圆环下方输入图表的标题，并设置字体为楷体、18号、加粗显示，如图4-138所示。

图4-137 输入百分比

图4-138 输入图表标题

步骤19：在图表右下角插入一个蓝色边框无填充的矩形，如图4-139所示。

步骤20：在矩形内部插入四个填充色与圆环各个圆弧填充色一致的圆形，如图4-140所示。

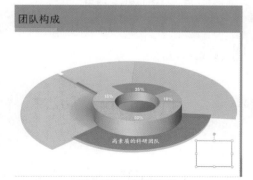

图4-139 插入矩形

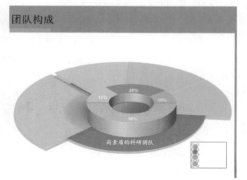

图4-140 插入圆形

步骤21：在矩形内部输入文本，对圆弧的各个颜色进行标注，并设置字体为楷体、10.5号、加粗显示，如图4-141所示。

步骤22：利用文本框，在扇形上方输入说明性文本，如图4-142所示。

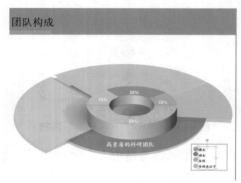

图4-141 输入标注性文本

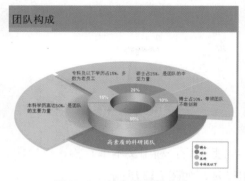

图4-142 输入说明性文本

步骤23：选择标题文本，设置字体为"幼圆"、字号为"40号"，并将其移至合适位置，如图4-143所示。

步骤24：为标题文本应用艺术字效果"填充-白色，投影"，如图4-144所示。至此，完成立体圆环图表的制作。

图4-143 设置字体格式

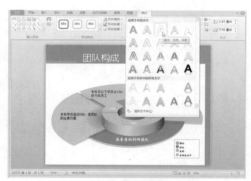

图4-144 选择"填充-白色，投影"

4.4 技 巧 放 送

通过前面对表格图表的学习，用户已经掌握不少制作表格和图表的方法了，下面有一些小技巧和大家分享一下。

1. 插入Excel电子表格

想象不到吧？用户还可以在幻灯片中插入Excel表格，只需执行"插入>表格>Excel

电子表格"命令，即可在幻灯片页面中插入Excel表格，然后像使用Excel表格一样使用它就可以了，如图4-145所示。

2. Excel表格的导入

PowerPoint不但支持在幻灯片页面中插入表格，还可以将其他软件，如Word、Excel中制作好的表格导入当前演示文稿。下面以Excel表格的导入为例进行介绍，操作步骤如下。

步骤1：选择需要导入表格的幻灯片，单击"插入"选项卡中的"对象"按钮，如图4-146所示。

图4-145 插入Excel电子表格

图4-146 单击"对象"按钮

步骤3：打开"浏览"对话框，选择Excel表格，单击"确定"按钮，如图4-148所示。

步骤4：表格插入到幻灯片页面后，可以适当调整表格的大小，如图4-149所示。

若用户需要对表格中的内容进行编辑，可以双击表格，或者在表格上右击，从弹出的快捷菜单中选择"工作表对象"命令，然后选择关联菜单中的"编辑"或"打开"命令，可对插入的表格进行编辑。

步骤2：打开"插入对象"对话框，选中"由文件创建"单选按钮，然后单击"浏览"按钮，如图4-147所示。

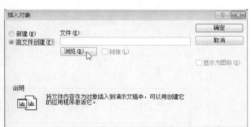

图4-147 单击"浏览"按钮

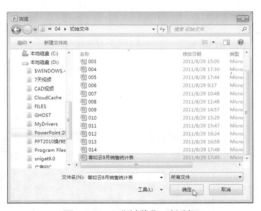

图4-148 "浏览"对话框

3. 添加图表数据源

若用户希望可以明确地知道图表数据，可以利用图表的“模拟运算表”功能。在“图表工具—布局”选项卡中，单击“模拟运算表”下拉按钮，从展开的列表中选择“显示模拟运算表”选项，如图4-150所示，即可将模拟运算表显示在图表的下方，如图4-151所示。

菜名	单价	销售量/份	销售额
红烧茄子	5	1800	9000
土豆鸡块	10	1600	16000
脆皮炒肉	6	2000	12000
番茄鸡蛋	6	2360	14160
豆角炒肉	7	2580	18060
酸辣土豆丝	4.5	4000	18000
凉拌黄瓜	4	4200	16800
红烧肉	12	1200	14400
素三鲜	7	1980	13860
芹菜炒肉	7	3300	23100
干煸菜花	5	3560	17800
总计			173180

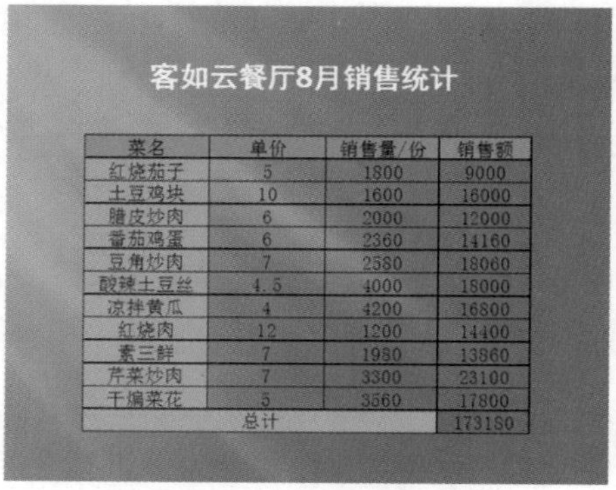

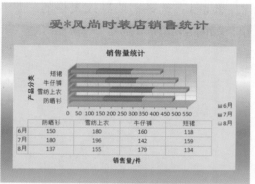

图4-149　插入Excel表格

图4-150　选择“模拟运算表”选项

	防晒衫	雪纺上衣	牛仔裤	短裙
6月	150	180	160	118
7月	180	196	142	159
8月	137	155	179	134

图4-151　模拟运算表显示效果

4. 按需设置数据系列间距

若觉得当前数据系列摆放不合理，还可以进行调整，只需选择图表中的任意数据系列，单击“图表工具—布局”选项卡中的“设置所选内容格式”按钮，如图4-152所示。打开“设置数据系列格式”对话框，在“系列选项”设置界面中进行设置即可，如图4-153所示。

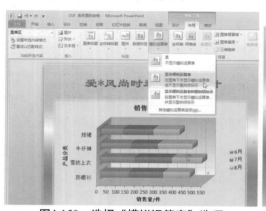

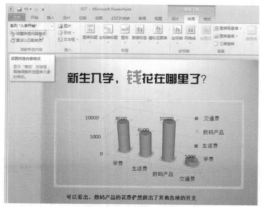

图4-152　单击“设置所选内容格式”按钮

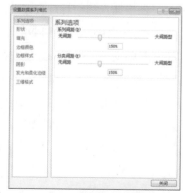

图4-153　“设置数据系列格式”对话框

第5章
图像处理见真功

　　一个优秀的PPT，往往离不开图形和图像的配合，合理应用图形图像可以使演示文稿更有专业性、可观性。PowerPoint 2010提供了功能强大的图形图像处理功能，可以轻松地将图形图像处理成理想的效果，有些功能甚至连Photoshop都望尘莫及。本章我们就来共同学习PPT中有关图形图像处理的相关知识。

5.1 知识点突击速成

5.1.1 图像的插入

在幻灯片中可以插入各种各样的图像，单击"插入"选项卡中的"图片"按钮（见图5-1），在打开的"插入图片"对话框中，选择需插入的图片，单击"插入"按钮即可，如图5-2所示。

图5-1 单击"图片"按钮　　　　　　　图5-2 选择图片

除此之外，PowerPoint还提供了屏幕截图、剪贴画的图像插入方式。这些功能与Word的使用方法相同，这里不再赘述。

5.1.2 图像的编辑

PPT提供了功能强大的图像编辑功能，如调整图片大小、裁剪图片、删除背景以及调整图片效果等。下面我们简要学习几种图像编辑方法。

1. 删除图片背景

有时为了突出显示某些图像元素，需要将插入的图片进行删除背景处理，利用PPT提供的删除背景功能，可以快速将图片的多余部分删除，其操作步骤如下。

步骤1： 选择需要删除背景的图片，单击"图片工具—格式"选项卡中的"删除背景"按钮，如图5-3所示。

步骤2： 系统会默认出现一个删除背景的区域，单击"保留更改"按钮即可删除背景，如图5-4所示。

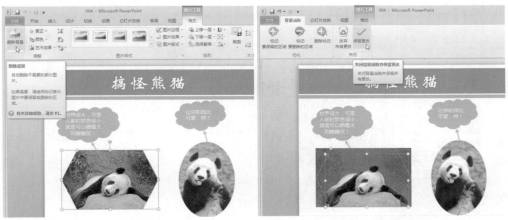

图5-3　单击"删除背景"按钮　　　　　　　图5-4　单击"保留更改"按钮

不过，很多时候默认的删除区域并不是用户所希望的，这时可以通过"标记要保留的区域"和"标记要删除的区域"功能进行修改，以满足删除背景的需要，如图5-5所示。

图5-5　鼠标选取保留区域

2. 调整图片的亮度与对比度

如果需要插入的图片偏暗，清晰度不高，用户也可以不通过其他图像软件处理，而是先直接插入PPT页面中，然后利用PPT的更正功能对图片进行调整。方法是单击"图片工具—格式"选项卡中的"更正"按钮，然后从列表中选择相应的效果即可，如图5-6所示。若列表中的默认效果不能满足用户需求，可以选择"图片更正选项"命令，在打开的"设置图片格式"对话框中的"图片更正"选项设置界面中进行设置，如图5-7所示。

图5-6　选择合适的亮度和对比度

图5-7　"设置图片格式"对话框

3. 调整图片颜色

用户还可以根据幻灯片的页面背景适当调整图片的饱和度、色调以及为图片重新着色等。

1) 调整饱和度和色调

选择图片，单击"图片工具—格式"选项卡中的"颜色"按钮，从列表中的"颜色饱和度"以及"色调"选区，进行选择即可，如图5-8所示。

2) 重新着色

在"颜色"列表中的"重新着色"选区，可以选择不同的着色方式，若对默认的着色方式不满意，还可以选择"其他变体"选项，在展开的关联菜单中进行选择，如图5-9所示。

图5-8　选择合适的饱和度和色温　　　　图5-9　为图片重新着色

除此之外，在"艺术效果"列表中有23种不同的艺术效果可供用户选择。这些功能通过图像的"格式"面板均可以轻松设置，这里就不再详细讲述。

4. 将图片转换为SmartArt图形

当一张幻灯片中存在多个图片时，为了更好地说明这些图片之间的关系，可以将图片转换为SmartArt图形。

选择需要转换的图片，单击"图片工具—格式"选项卡中的"图片版式"按钮，从展开的列表中选择"垂直图片列表"版式，如图5-10所示。然后适当调整各个图片的大小，输入文本内容即可，如图5-11所示。

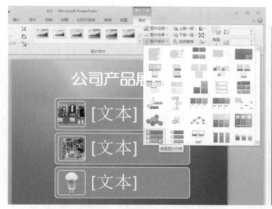

图5-10　选择"垂直图片列表"版式　　　图5-11　转换为SmartArt图形效果

5.1.3　相册的插入与编辑

用户在需要展示个人照片、旅游经历以及公司产品时，若利用之前单张插入图片的方法会花费大量时间，此时可以利用PowerPoint提供的相册功能创建一个相册，然后在其中添加引人注目的幻灯片切换效果、丰富的背景和主题、特定版式以及其他效果等。

1. 插入相册

既然相册功能有如此大的用处，那么该如何创建一个相册呢？其操作步骤如下。

步骤1：打开演示文稿，单击"插入"选项卡中的"相册"下拉按钮，从展开的列表中选择"创建相册"命令，如图5-12所示。

步骤2：打开"相册"对话框，单击"文件/磁盘"按钮，如图5-13所示。

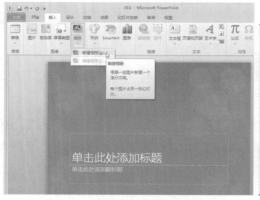

图5-12 选择"创建相册"命令

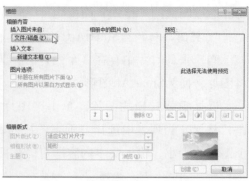

图5-13 单击"文件/磁盘"按钮

步骤3：打开"插入新图片"对话框，按住Ctrl键的同时选取多张图片，单击"插入"按钮，如图5-14所示。

步骤4：返回至"相册"对话框，在"相册版式"选项组中，单击"图片版式"右侧的下拉按钮，从展开的列表中选择"2张图片(带标题)"版式，单击"相框形状"右侧的下拉按钮，从列表中选择"简单框架，白色"形状，然后单击"主题"右侧的"浏览"按钮，如图5-15所示。

图5-14 选择图片

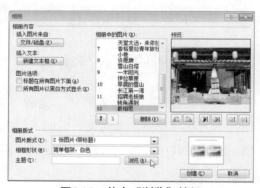

图5-15 单击"浏览"按钮

步骤5：打开"选择主题"对话框，选择"Slipstream"主题，单击"选择"按钮，如图5-16所示。

步骤6：返回到"相册"对话框，单击"创建"按钮即可创建一个相册，然后再输入标题文字，如图5-17所示。

图5-16　单击"选择"命令

图5-17　完成创建相册效果

2. 编辑相册

相册创建完成后，会发现图片的顺序、亮度、对比度等不符合当前需求，需要对相册进一步编辑。

单击"插入"选项卡中的"相册"下拉按钮，从展开的列表中选择"编辑相册"命令，打开"编辑相册"对话框，可以通过各命令按钮对图片进行调整，如图5-18所示。调整完成后，单击"更新"按钮，返回幻灯片页面，还可以对图片进行其他设置，以及更改演示文稿的主题颜色等等，如图5-19所示。

图5-18　"编辑相册"对话框

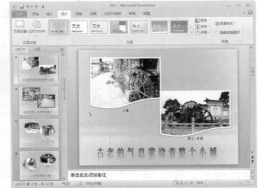

图5-19　完成编辑相册效果

5.1.4　图形的插入与编辑

1. 图形的插入

PowerPoint 2010提供了功能强大的绘图工具，用户可以通过它插入线条、基本图形以及箭头、流程图形、标注等形状，还可以手动绘制图形。下面以插入立方体为例进行介绍，其操作步骤如下。

步骤1：单击"插入"选项卡中的"形状"按钮，从展开的列表中选择"立方体"，如图5-20所示。

步骤2：将鼠标指针移至页面合适位置，当鼠标指针变为十字形➕时，按住Shift键的同时拖动鼠标左键即可画出一个正立方体，如图5-21所示。绘制完成后，释放鼠标左键即可，然后还可以根据需要设置立方体的填充色以及轮廓等。

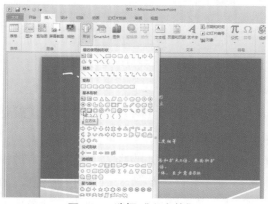

图5-20　选择"立方体"

图5-21　绘制图形

除此之外，用户还可以利用"任意多边形"和"自由曲线"命令随心所欲地绘制所希望的图形，只不过这需要您有一双灵巧的手！图5-22所示即为手绘的一条小鱼，应该还算有点鱼的样子吧。

2. 图形的编辑

图形的编辑和图像的编辑基本相同，同样可以设置其位置、大小，进行翻转、调整叠放次序、组合等操作，这些操作可以通过绘图工具的"格式"菜单项，或者通过右键菜单来完成，这里不再赘述。

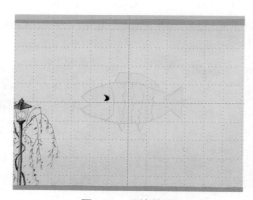

图5-22　手绘效果

5.1.5　图形样式的设置

图形绘制完成后，还可以对图形的样式进行设置，除了可以利用系统自带的快速样式进行设置外，用户还可以通过改变图形的填充色、线条样式以及形状效果自定义图形样式。

1. 快速更改图形样式

PowerPoint 2010提供了多种漂亮、大方的图形样式，利用它们可实现快速对图形样式的更改，可以省去用户一步步更改所花费的时间和精力。方法是选择形状，展开"格式"选项卡中的"形状样式"组，从展开的样式列表中根据需要选择一种样式即可，如图5-23所示。

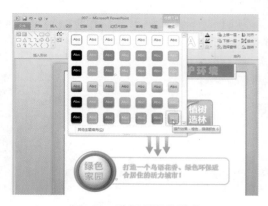

图5-23　选择合适的样式

2. 设置图形填充

插入图形后，系统会根据当前的主题颜色，为形状填充，但是往往这个默认的颜色并不能够表达用户的意图，因此需要根据实际情况，对填充色进行更改。

选择要更改填充色的图形，单击"绘图工具—格式"选项卡中的"形状填充"按钮，从展开的列表中选择相应的填充方式即可，如图5-24所示。

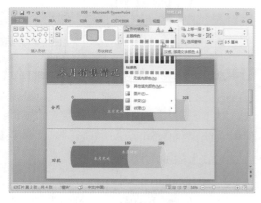

图5-24　选择填充色

3. 设置线条样式

可以根据需要设置形状的线条样式，包括颜色、线条粗细以及类型。方法是单击"绘图工具—格式"选项卡中的"形状轮廓"按钮，从展开的列表中选择形状轮廓的颜色、线型、粗细等项，如图5-25所示。

4. 设置特殊效果

和图像一样，图形同样可以设置一些如阴影、映像、发光等特殊的效果，

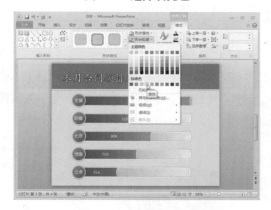

图5-25　设置形状轮廓

选择形状，单击"绘图工具—格式"选项卡中的"形状效果"按钮，从展开的列表中即可选择相应的效果，如图5-26所示。

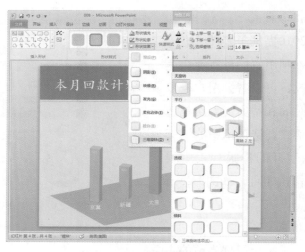

图5-26 选择图形效果

5.1.6 SmartArt图形及SmartArt工具

对于一般用户而言，手动绘制高标准、美观的图表是非常困难的，这时，可以利用系统提供的SmartArt图形，只需轻松地单击几下鼠标，即可创建出具有高水准且视觉效果靓丽的图表。

1. 创建SmartArt图形

PowerPoint 2010提供了不同类型且每种类型包含多种布局和结构的图形，方便用户在不同情况下使用，其创建方法类似，具体操作步骤如下。

步骤1：选择需要插入SmartArt图形的幻灯片，单击"插入"选项卡中的SmartArt按钮，如图5-27所示。

步骤2：弹出"选择SmartArt图形"对话框，选择"流程"类别，在右侧区域选择"交替流"流程，单击"确定"按钮即可，如图5-28所示。

图5-27 单击SmartArt按钮

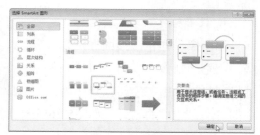

图5-28 选择"交替流"流程

步骤3：图形创建完成后，还需要为其添加必要的文字说明才能传达出SmartArt图形所要表达的内容，否则它将毫无意义。将鼠标光标定位在某一图形内部，输入文字即可，如图5-29所示。

步骤4：也可以选中SmartArt图形，单击左侧边框上的▶或◀按钮，在弹出的文本窗格中输入相应的文字，如图5-30所示。

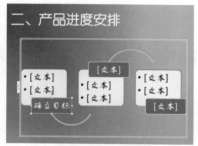

图5-29　在形状中输入文本

图5-30　在"文本窗格"中输入文本

2. SmartArt图形的编辑

上节介绍了如何创建SmartArt图形，但是创建后的图形都会根据当前主题给出一个默认的样式，在实际工作中，默认的样式往往不能满足用户的需求。可以根据需要对其进行编辑，包括添加或删除其中的形状、调整图形结构、更改图形布局以及图形样式等。

1) 添加或删除形状

在通常情况下，SmartArt图形默认的图形数量不能满足用户需求，可以根据实际情况添加形状。

选择图形中的某一形状，单击"SmartArt工具—设计"选项卡中的"添加形状"右侧下拉按钮，从展开的列表中选择"在后面添加形状"命令即可，如图5-31所示。

也可以选择形状后，右键单击，在快捷菜单中选择"添加形状"命令，根据需要在其关联菜单中选择，如图5-32所示。

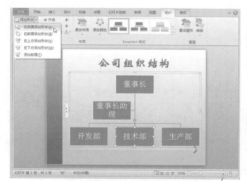

图5-31　选择"在后面添加形状"选项

图5-32　选择"在上方添加形状"命令

2) 调整SmartArt图形结构

调整图形结构包括图形中形状的升级、降级、上移或下移等，下面分别对其进行介绍。

(1) 将某一形状降级

选择需要降级的形状，单击"SmartArt工具—设计"选项卡中的"降级"按钮即可，如图5-33所示。

(2) 移动形状

选择需要移动的形状，单击"SmartArt工具—设计"选项卡中的"上移"按钮即可，如图5-34所示。

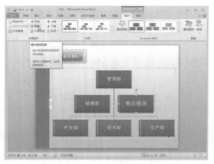

图5-33　单击"降级"按钮

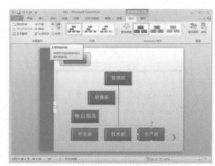

图5-34　单击"上移"按钮

(3) 更改SmartArt图形布局

在SmartArt图形中有多种布局，不同的布局可以满足不同用户的需求，若插入SmartArt图形后，需要对图形的布局进行更改，该如何操作呢？

选择图形，单击"SmartArt工具—设计"选项卡的"布局"组中的"其他"按钮，从展开的列表中选择即可，如图5-35所示。

若列表中给出的布局方式不能让用户满意，还可以选择"其他布局"命令，打开"选择SmartArt图形"对话框，从中选择合适的布局方式，如图5-36所示。

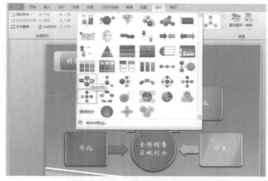

图5-35　选择"聚合射线"布局

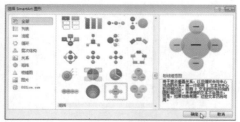

图5-36　选择"射线维恩图"布局

170

除此之外，还可以通过"设计"面板更改SmartArt图形的颜色、样式，如图5-37和图5-38所示。通过"格式"选项卡可以设置形状的填充色、形状效果等选项，如图5-39和图5-40所示。

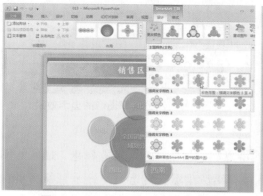

图5-37 更改SmartArt图形的颜色

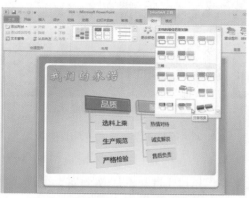

图5-38 更改SmartArt图形的样式

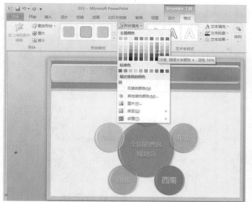

图5-39 更改SmartArt图形的填充色

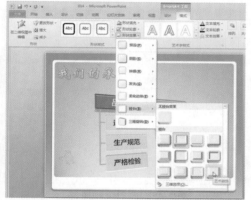

图5-40 更改SmartArt图形的形状效果

5.2 高手经验

5.2.1 图像选择的学问

随着PPT得到广泛的应用，人们越来越多地用图像代替文字进行说明，那么该如何选择图像呢？选择什么样的图像才能够吸引受众的眼球呢？

1. 选择分辨率高的图像

在选择图像时，要杜绝分辨率低的图像，分辨率低的图像显示效果差，细节不够丰富，因而不能吸引观众。图5-41所示为分辨率低的图像，图5-42所示为分辨率高的图像，很明显图5-42中的图像显示效果更佳，也更能吸引受众。

图5-41　低分辨率图像的显示效果　　　　图5-42　高分辨率图像的显示效果

2. 选择适合PPT风格的图像

　　每个人都有自己的风格，根据自身的特点穿衣搭配，PPT也是如此，插入的图像要根据PPT自身的风格而定，是严肃沉稳、活泼幽默、舒适自然还是独特另类？需要根据当前演示文稿需要的风格而选择，如图5-43～图5-46所示。

图5-43　严肃沉稳风格　　　　　　　　图5-44　活泼幽默风格

图5-45　舒适自然风格　　　　　　　　图5-46　另类独特风格

5.2.2　图片应用之禁区

演示文稿需要图片来充实，但是，排列图片要注意以下几个方面，否则会让观众反感。

1. 忌排列凌乱

整个幻灯片页面都是散乱的图片，图片背景相互干扰，让观众的眼睛没有视觉中心，只会增加观众的负担，弄乱表达的内容，如图5-47所示。而规范排列的图片则会满足观众的视觉口味，显得简洁、美观，如图5-48所示。

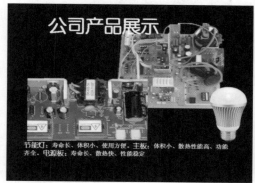

图5-47　散乱排列的图片

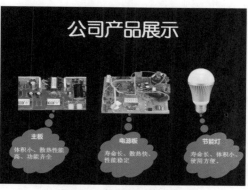

图5-48　规律排列的图片

2. 忌多余背景

在页面中插入图像时无论是作为整体页面背景还是作为正文说明图片，切记不要插入带有LOGO或者水印的图像，而且不要用累赘多余的图像，这样的图像会让读者对内容的原创性产生质疑，而且会影响图片的美感，如图5-49所示。需要将水印去除，多余的背景图片也去掉，如图5-50所示。

图5-49　带有水印和多余背景的页面

图5-50　无水印简洁大方的界面

3. 忌与文稿无关

使用与演示文稿主题或者当前陈述内容无关的图像，会让观众对演讲者的信任大打折扣，如图5-51所示。而选择一张与主题吻合搭配的图像则会更加突出主题，让观众过目不忘，如图5-52所示。

图5-51　应用于表达观点无关的图像　　　　图5-52　与表达观点契合的图像

4. 忌特效过多

PPT软件预设了多种快速样式，如果总想标新立异，追求特殊样式，每张图像都应用不同的样式，反而会搬起石头砸自己的脚，将好好的内容给弄坏了，如图5-53所示。还不如简简单单地应用一种或者干脆不用特殊样式，整整齐齐排列的图像反而更加美观，如图5-54所示。

图5-53　特殊样式过多的页面　　　　　　图5-54　简单大方的页面

5.2.3　图片处理技巧

1. 通过添加色块增加空间

你是否也有这种感觉，面对一张漂亮的图片却无从下手，结果，这张漂亮的图片成了食之无味弃之可惜的鸡肋，就这样白白放过了一张美丽的图片，让它失去了闪亮登台的机会。其实我们可以通过色块法来增加整体空间感，而且同时将图片中的无用部分遮去。图5-55所示为原始图片，图5-56所示为利用色块法制作的幻灯片效果。

图5-55　原始图像

图5-56　使用色块优化图像

　　虽然通过色块可以增加空间，但是要注意色块颜色的选取，最好不要与图片原有色彩冲突，否则会影响整个页面的表达效果，如图5-57所示。当然，最简单的办法就是选择一种图片上的主题色来作为色块的颜色，如图5-58所示。

图5-57　色块与背景色冲突

图5-58　色块与背景色匹配

　　2. 利用抠图删除多余的背景

　　为了让图片更好地和页面背景融合在一起，经常会将一些图片自身的背景删除。图5-59所示为未删除背景图片效果，图5-60所示为删除图片背景后的效果，两种对比一下，哪种更让人喜欢呢？

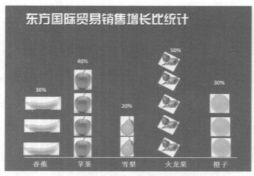

图5-59　使用包含背景的图片　　　　　图5-60　删除图片背景的效果

3. 尽量保持色彩统一

插入页面中的图片经常会与页面背景不符，或者是多个图片色彩不协调，如果不经过处理就放在幻灯片页面中会影响视觉效果，如图5-61所示。而页面背景和图片统一成某种色调则更加吸引人，如图5-62所示。

图5-61　色彩相互冲突的图片　　　　　图5-62　色彩统一的图片

4. 适当添加点修饰

除了裁剪图片、删除多余背景外，还可以根据需要，对图片做进一步加工，例如可以应用图片快速样式，添加阴影、映像或者发光效果。图5-63所示为未加修饰的图像效果，而图5-64所示为修饰后的图片显示效果。

图5-63　未加修饰的图片　　　　　图5-64　适当修饰的图片

5.3 实例进阶

5.3.1 制作形象展示类文稿

本小节将介绍形象展示类文稿的制作，通过图片的插入、图片的裁剪、图形的插入、图形的渐变设置、艺术字的应用等操作，制作出一个精美、华丽并且可以展现多个图片的幻灯片。图5-65所示为初始效果，图5-66所示为最终效果。

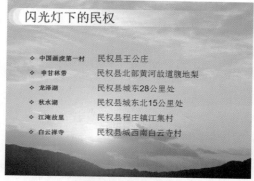

图5-65　初始效果

图5-66　形象展示类图像效果

步骤1：打开素材文件(光盘：\ch05\实例阶段\素材文件\制作形象演示类文稿.pptx)，单击"设计"选项卡中的"背景格式"按钮，在展开的列表中选择"设置背景格式"选项，如图5-67所示。

步骤2：打开"设置背景格式"对话框，设置渐变填充，渐变光圈设置如下：停止点1的颜色为"深蓝"；停止点2的颜色为"浅蓝"；位置为29%，停止点3的颜色为红153、绿204、蓝255，位置为50%；停止点4的颜色为

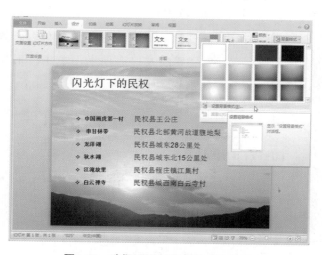

图5-67　选择"设置背景格式"选项

"深红，文字2，淡色75%"，位置为75%；停止点5的颜色为红153、绿204、蓝255，如图5-68所示。

步骤3：删除正文文本，然后选择标题文本，设置字号为40号，字体为"方正综艺体简"，如图5-69所示。

步骤4：应用艺术字效果"渐变填充－黑色，轮廓－白色，外部阴影"，如图5-70所示。

图5-68 设置渐变填充

图5-69 选择合适的字体

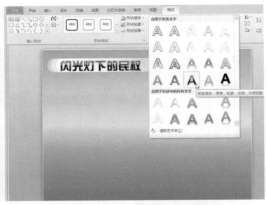

图5-70 选择合适的艺术字效果

步骤5：设置完成后，调整标题文本的位置，效果如图5-71所示。

步骤6：切换至"插入"选项卡，单击"形状"按钮，从展开的列表中选择"椭圆"命令，如图5-72所示。

图5-71 调整文本的位置

图5-72 选择"椭圆"命令

步骤7：绘制出一个椭圆，打开"设置形状格式"对话框，设置圆形的渐变填充类型为"线性"、"角度"为90°，渐变光圈中停止点1的颜色为红255、绿80、蓝80，停止点2的颜色为浅蓝，如图5-73所示。

步骤8：在"线条颜色"选项设置界面中，设置形状无线条显示。在"三维格式"选项设置界面中，设置棱台的顶端和底端效果均为"角度"、宽度和高度均为"1.5磅"，深度颜色为"浅蓝"、深度为"50磅"，表面效果材料为"硬边缘"、照明为"明亮的房间"、角度为"290°"，如图5-74所示。

图5-73　设置渐变填充

图5-74　设置三维格式

步骤9：在"三维旋转"选项设置界面中，设置预设为"上透视"，如图5-75所示。

步骤10：设置完成后，关闭对话框，返回页面查看设置效果，如图5-76所示。

图5-75　设置三维旋转

图5-76　设置形状效果

步骤11：复制出多个图形，调整图形的大小和位置，使其摆放有序，如图5-77所示。

步骤12：执行"插入>形状>椭圆"命令，在页面插入一个椭圆，设置其渐变填充，三个停止点的颜色均为"白色，背景1"，其中，停止点2的位置为50%、透明度为25%，停止点3的位置为100%、透明度为100%，实现圆形的高光效果，如图5-78所示。

图5-77　复制出多个图形

图5-78　插入渐变椭圆

步骤13：复制多个白色渐变椭圆至其他圆形中，并适当调整大小，如图5-79所示。

步骤14：调整完图形后，执行"插入>图片"命令，如图5-80所示。

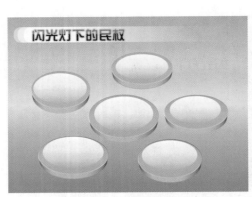

图5-79　设置高光效果

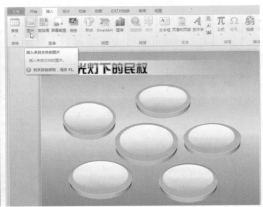

图5-80　单击"图片"按钮

步骤15：在打开的"插入图片"对话框中，按Ctrl + A组合键选择所有图片，单击"插入"按钮，将其插入幻灯片页面中，如图5-81和图5-82所示。

图5-81 选择图片

图5-82 插入图片

步骤16：调整图片大小后选择图片，切换至"图片工具—格式"选项卡，通过"更正"按钮的下拉菜单，调整图片的锐化和柔化、亮度和对比度，如图5-83所示。

步骤17：通过"颜色"按钮的下拉菜单，调整图片的饱和度、色温，如图5-84所示。

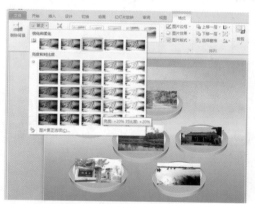

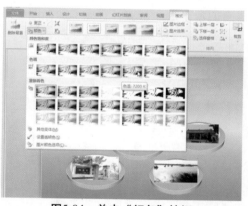

图5-83 单击"更正"按钮

图5-84 单击"颜色"按钮

步骤18：选择所有图片，执行"绘图工具—格式>裁剪>裁剪为形状>椭圆"命令，将所有图形裁剪为椭圆形，如图5-85和图5-86所示。

图5-85 选择"椭圆"

图5-86 图片裁剪为椭圆形状

步骤19：利用文本框输入对图片的说明，并设置其字体为微软雅黑、14号，如图5-87和图5-88所示。

图5-87　输入图片标题　　　　　　　　　　图5-88　设置标题文本的字体

步骤20：用同样的方法输入说明标题的文本，设置字体为华文中宋、14号，并适当调整文本的位置，如图5-89和图5-90所示。

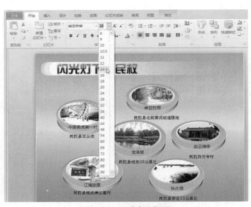

图5-89　选择字体　　　　　　　　　　　图5-90　选择字号

5.3.2　制作产品宣传类文稿

本节将介绍产品宣传类文稿的制作，在利用图像进行展示时，立体效果可以让图片远离枯燥，变得生动起来。图5-91所示为初始效果，图5-92所示为最终效果，制作该效果涉及的知识包括图形的绘制、图形格式的设置以及图片效果的设置等。

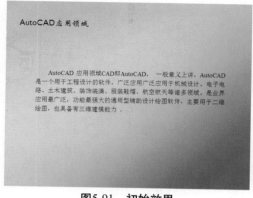

图5-91 初始效果

图5-92 文化宣传类图像效果

步骤1：打开素材文件(光盘：\ch05\实例进阶\素材\制作产品宣传类文稿
.pptx)，执行"插入>形状>六边形"命令，如图5-93所示。

步骤2：在幻灯片中绘制正六边形，右键单击，从弹出的快捷菜单中选择"设
置形状格式"命令，如图5-94所示。

图5-93 选择"六边形"

图5-94 选择"设置形状格式"命令

步骤3：打开"设置形状格式"对话框，在"填充"选项设置界面中，设置图
形渐变填充，渐变类型为"线性"，渐变角度为"315°"，渐变光圈停止点1的颜
色为"蓝色"，停止点2的颜色为"浅蓝"，如图5-95所示；在"线条颜色"选项
设置界面中，设置线条的颜色为"白色，背景1"；在"线型"选项中，设置线型
宽度为"2.5磅"。

步骤4：在"三维格式"选项设置界面中，设置棱台的顶端和底端效果为"角
度"、宽度和高度为"1.5磅"，深度颜色为"浅蓝"、深度为"8磅"，表面效果
材料为"金属效果"、照明为"对比"，如图5-96所示。

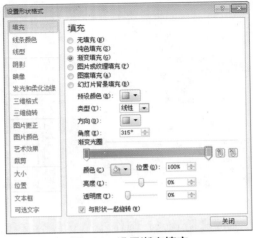

图5-95　设置渐变填充

图5-96　设置三维格式

　　步骤5：在"三维旋转"选项设置界面中，设置图形旋转的Y值为"120°"，如图5-97所示。

　　步骤6：单击"关闭"按钮，关闭该对话框。复制出多个六边形，调整其大小和位置，将其合理摆放，如图5-98所示。

图5-97　设置三维旋转　　　　　　　　**图5-98　复制出多个图形**

　　步骤7：在幻灯片中插入图片，并调整其大小和位置，放置在各个六边形之上，图片的宽度应略小于多边形宽度，并根据需要调整图片的亮度和对比度、锐化和柔化等，如图5-99所示。

　　步骤8：选择所有图片，执行"绘图工具—格式>裁剪>裁剪为形状>圆角矩形"命令，如图5-100所示。

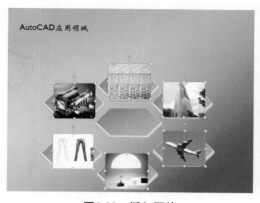

图5-99 插入图片

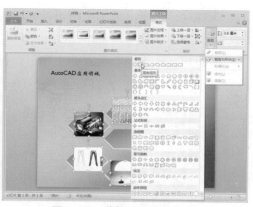

图5-100 选择"圆角矩形"

步骤9：利用文本框，在位于中心的六边形上方输入文本内容，如图5-101所示。

步骤10：选择所有图片，打开"设置图片格式"对话框，在"线条颜色"选项中，设置线条颜色为"浅蓝"，如图5-102所示。

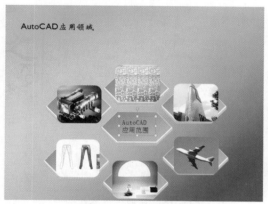

图5-101 插入文本内容

图5-102 选择"浅蓝"色

步骤11：在"发光和柔化边缘"选项设置界面中，设置发光效果为"冰蓝，8pt发光，强调文字颜色2"，如图5-103所示。

步骤12：在"三维旋转"选项设置界面中，设置"预设"为"下透视"，如图5-104所示。

图5-103 设置发光效果

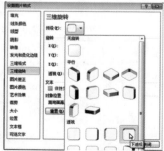

图5-104 选择"下透视"

步骤13：单击"关闭"按钮，关闭对话框，返回页面查看设置的图片效果，如图5-105所示。

步骤14：选择中心位置的文本框，设置字体为微软雅黑、字号为24号、加粗、阴影显示，字体颜色为白色，如图5-106所示。

图5-105　设置图片的效果

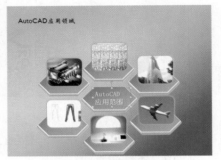
图5-106　设置字体格式

步骤15：利用文本框，输入各个图片的标题，并设置字体为隶书、18号、加粗，字体颜色为白色，如图5-107和图5-108所示。

图5-107　插入图片标题

图5-108　更改字体格式效果

步骤16：选择标题文本，设置字体为微软雅黑、40号，并应用艺术字效果"渐变填充-蓝-黑，强调文字颜色1，轮廓-白色"，如图5-109和图5-110所示。

图5-109　设置字体和字号

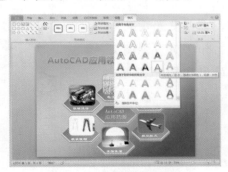
图5-110　选择艺术字样式

步骤17：保持标题文本的选中状态，通过"绘图工具—格式>文本填充"命令，设置填充色为蓝色，如图5-111所示。

步骤18：执行"插入>形状>任意多边形"命令，在标题文本框下方绘制两个多边形，如图5-112所示。

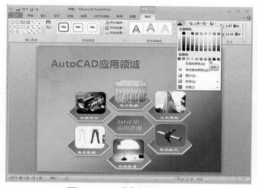

图5-111　选择"蓝色"

图5-112　插入多边形

步骤19：打开其"设置形状格式"对话框，设置渐变填充效果，设置渐变类型为"线性"、角度为"90°"，渐变光圈停止点1的颜色为白色背景1，透明度为100%；停止点2的颜色为红255、绿122、蓝0，透明度为40%；停止点3的颜色为红153、绿51、蓝0，如图5-113所示。

步骤20：设置完成后，关闭对话框，右击渐变图形，在弹出的快捷菜单中选择"编辑顶点"命令，如图5-114所示。

图5-113　设置渐变填充

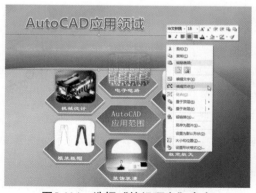

图5-114　选择"编辑顶点"命令

步骤21：通过鼠标调整编辑点的位置，改变多边形的形状，如图5-115所示。

步骤22：在幻灯片标题和渐变多边形之间插入一条横线，并设置合适的颜色和线型，如图5-116所示。

图5-115　编辑多边形

图5-116　插入直线

5.3.3　制作阶段成果类文稿

在利用多张图片辅助说明某项事物的发展进程时，可以采用楼梯跃进式的方式进行展示，将各个图片放置在台阶处，可以很好地传达出不断发展的效果。图5-117所示为初始效果，图5-118所示为最终效果。

图5-117　初始效果　　　　　　图5-118　阶段成果类图像展示

步骤1：打开素材文件(光盘：\ch05\实例进阶\素材\制作阶段成果类文稿.pptx)，删除正文文本，执行"插入>形状>平行四边形"命令，如图5-119所示。

步骤2：打开"设置形状格式"对话框，设置渐变填充类型为"线性"，渐变角度为"315°"，渐变光圈停止点1的颜色为红：116、绿：212、蓝：160，停止点2的颜色为"绿色"，如图5-120所示。

图5-119　选择"平行四边形"命令

图5-120　设置渐变填充

步骤3：关闭对话框，返回页面查看效果，如图5-121所示。

步骤4：复制出3个平行四边形，将其排列成阶梯状，选择第2个和第4个形状，更改其渐变光圈中停止点1的颜色为"水绿色，强调文字颜色1"，停止点2的颜色为"水绿色，强调文字颜色5"，如图5-122所示。

图5-121　设置后的效果

图5-122　设置其他图形

步骤5：按照同样的方法，插入四个平行四边形，设置其渐变类型为"线性"、渐变角度为"45°"，如图5-123所示。

步骤6：为其设置合适的渐变光圈颜色，如图5-124所示。

图5-123　"填充"选项设置界面

图5-124　图形渐变填充效果

189

步骤7：用同样的方法，插入四个矩形，设置其渐变类型为"线性"、渐变角度为"90°"，按需设置渐变光圈的颜色，如图5-125和图5-126所示。

图5-125　设置渐变填充

图5-126　渐变填充效果

步骤8：在构成的台阶上方插入四个圆形，设置渐变填充类型为"路径"，渐变光圈停止点1的颜色为白色，停止点2的颜色为"黑色，背景2，淡色50%"、位置为"90%"、透明度为90%，停止点3的颜色为"黑色，背景2，淡色50%"、位置为"100%"，如图5-127所示。

步骤9：关闭对话框，返回页面查看设置效果，如图5-128所示。

图5-127　设置渐变填充

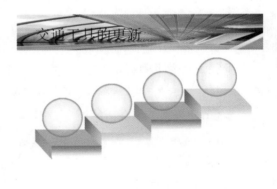

图5-128　渐变圆形效果

步骤10：为了使圆形更具有立体感，可在其下方插入阴影效果，制作阴影效果比较麻烦，用户可以插入以前保存的阴影效果图片，如图5-129所示。

步骤11：根据需要，插入合适的图片，如图5-130所示。

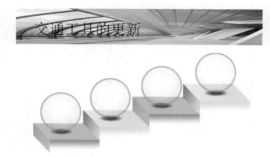

图5-129 插入阴影图片　　　　　　　图5-130 插入图片

步骤12：调整图片的大小和位置、亮度和对比度等，执行"图片工具—格式>裁剪>裁剪为形状>椭圆"命令，如图5-131所示。

步骤13：调整图片的大小和位置，如图5-132所示。

图5-131 选择"椭圆"命令　　　　　　图5-132 裁剪为圆形效果

步骤14：为了使图形看起来更加自然地与底层圆形结合在一起，在其上方添加渐变透明圆形，参数设置如图5-133所示，效果如图5-134所示。

图5-133 设置填充效果　　　　　　　图5-134 添加渐变圆形效果

步骤15：在圆形下方输入文本，设置小标题文本为华文新魏、18号、加粗，如图5-135所示。

步骤16：选择标题文本，设置字体为"华文中宋"，如图5-136所示。

图5-135　输入文本　　　　　　　　　图5-136　选择"华文中宋"

步骤17：保持标题文本的选中状态，为其应用艺术字样式"填充-靛蓝，强调文字颜色2，粗糙棱台"，如图5-137所示。

步骤18：通过"绘图工具—格式>文本填充>绿色"命令，更改艺术字填充色，如图5-138所示。

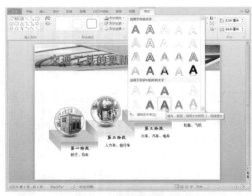

图5-137　应用艺术字效果　　　　　　图5-138　选择"绿色"命令

步骤19：为了使整个页面看起来更加流畅和自然，可插入一个渐变的矩形，设置渐变类型为"线性"、角度为"90°"，如图5-139所示。

步骤20：选择渐变矩形，执行"下移一层>移至底层"命令，如图5-140所示。至此，即可完成阶段成果类演示文稿的设置。

图5-139 设置渐变填充

图5-140 选择"移至底层"命令

5.3.4 制作个性舞台类文稿

在制作个人简历、产品宣传等图片型演示文稿时，可以采用将多个图像站立起来的方法进行演示，各个图片虽然相互独立，但是均存在于一个展示平台中，它们之间既有联系又有区别，其效果异常精彩。图5-141所示为初始效果，图5-142所示为最终效果。

图5-141 初始效果

图5-142 个性舞台类图像效果

步骤1：打开素材文件(光盘：\ch05\实例进阶\素材\制作个性舞台类文稿.pptx)，删除文本内容，会发现图片背景感觉比较凌乱，执行"插入>形状>矩形"命令，如图5-143所示。

步骤2：在图形上方绘制一个矩形，设置其填充色为白色，透明度为40%，如图5-144所示。

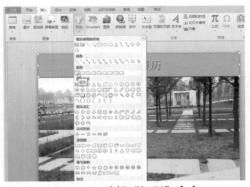

图5-143　选择"矩形"命令

图5-144　设置填充效果

步骤3：设置完成后，关闭对话框，返回幻灯片页面，如图5-145所示。

步骤4：执行"插入>形状>椭圆"命令，按住Shift键在页面中绘制4个圆形，如图5-146所示。

图5-145　添加半透明矩形效果

图5-146　绘制圆形

步骤5：选择插入的圆形，右击，在弹出的快捷菜单中选择"设置形状格式"命令，如图5-147所示。

步骤6：在打开对话框的"填充"选项设置界面中，设置渐变类型为"线性"，渐变光圈中停止点1和停止点3的颜色为"深绿，强调文字颜色2，深色50%"，停止点2的颜色为"浅绿"、位置为50%，如图5-148所示。

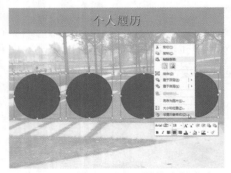

图5-147　选择"设置形状格式"命令

图5-148　设置渐变填充

步骤7：在"三维格式"选项设置界面中，设置棱台顶端效果为"斜面"、宽度为"13磅"、高度为"6磅"，表面效果材料为"硬边缘"、照明为"寒冷"，如图5-149所示。

步骤8：设置完成后，关闭对话框，返回幻灯片查看效果，如图5-150所示。

图5-149 设置三维格式

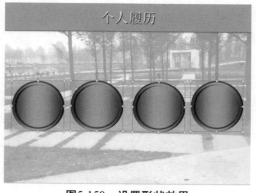

图5-150 设置形状效果

步骤9：选择最右侧的圆形，更改渐变填充停止点1和停止点3的颜色为"蓝色"，停止点2的颜色为"浅蓝"，如图5-151所示。

步骤10：在页面中插入合适的图片，并适当调整图片的位置、大小、亮度和对比度等，如图5-152所示。

图5-151 更改渐变光圈的颜色

图5-152 插入图片

步骤11：选中四个图片，执行"图片工具—格式>裁剪>裁剪为形状>椭圆"命令，如图5-153所示。

步骤12：适当调整图片的大小和位置，使其位于各个圆形的中心位置，如图5-154所示。

图5-153 选择"椭圆"命令

图5-154 裁剪图片效果

步骤13：选择所有图片，打开"设置图片格式"对话框，设置图片轮廓颜色为"黑色"、粗细为"1磅"，如图5-155所示。

步骤14：单击"关闭"按钮，关闭该对话框，返回幻灯片页面选择图片和对应的圆形将其组合，如图5-156所示。

图5-155 设置图片轮廓

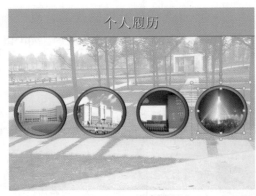

图5-156 组合图形

步骤15：为了使图片比较自然，在其上方添加渐变透明圆形，设置渐变填充类型为"线性"、角度为"90°"，停止点1和停止点2的颜色均为白色，透明度分别为70%、100%，无轮廓，如图5-157所示。

步骤16：选择透明图形和其下方的组合图形，将其分别组合，如图5-158所示。

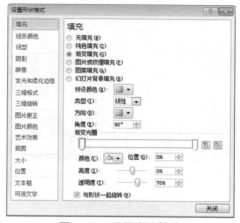

图5-157　设置渐变填充

图5-158　添加渐变圆形

步骤17：绘制一个矩形作为上方图形的底座，打开"设置形状格式"对话框，在"填充"选项设置界面中，设置渐变类型为"线性"，停止点1的颜色为"白色，文字1，深色15%"，停止点2的颜色为"灰色-25%，强调文字颜色4，深色50%"，如图5-159所示。

步骤18：在"三维格式"选项设置界面中，设置深度颜色为"浅绿"、深度为"11磅"，表面效果材料为"暖色粗糙"、照明为"三点"，如图5-160所示。

图5-159　设置渐变填充

图5-160　设置三维格式

步骤19：在"三维旋转"选项设置界面中，设置"预设"为"离轴1上"，更改其旋转的X值为310°，如图5-161所示。

步骤20：通过"绘图工具—格式>下移一层"命令，调整底座叠放次序，使其位于上方图形之下，如图 5-162所示。

图5-161　设置三维旋转　　　　　　　　图5-162　调整图片叠放次序

步骤21：利用文本框在图片下方输入文本内容，打开"字体"对话框，设置西文字体为Verdana、中文字体为"楷体"、加粗、16号，单击"确定"按钮，如图5-163所示。

步骤22：调整文本框和图形的位置，将其放在合适的位置，如图5-164所示。

图5-163　设置字体　　　　　　　　图5-164　插入文本效果

步骤23：选择组合图形和插入的文本框，打开"设置图片格式"对话框，在"三维旋转"选项设置界面中，设置"预设"为"离轴2左"，更改旋转的X值为30°、Y值为10°，然后单击"关闭"按钮，如图5-165所示。

步骤24：返回幻灯片页面查看旋转效果，如图5-166所示。

图5-165　设置三维旋转　　　　　　　　图5-166　三维旋转效果

步骤25：调整文本框和图形的位置，使其有序地排列，如图5-167所示。

步骤26：选择标题文本，输入文本更改标题内容，并设置字体为"幼圆"，如图 5-168所示。

图5-167　调整图形位置　　　　　　　　图5-168　更改标题

步骤27：设置标题中间的"之"字为华文楷体、44号，如图5-169所示。

步骤28：选择标题，执行"绘图工具—格式>文本效果>映像"命令，从展开的列表中选择"紧密映像，接触"效果，如图5-170所示。

图5-169　更改字体　　　　　　　　图5-170　选择"紧密映像，接触"效果

5.4 技 巧 放 送

1．插入多张图片

若需要一次性插入多张图片，可以在打开的"插入图片"对话框中按住Ctrl键的同时用鼠标选取多张图片。也可以直接在图片所在的文件夹中选取多张图片，按Ctrl+C组合键复制图片，然后按Ctrl+V组合键粘贴即可。

2. 调整图片的叠放次序

若同一幻灯片页面内有多个图片叠放时，可以根据需要，调整其顺序。只需选择图片，单击"图片工具—格式"选项卡上的"上移一层"或"下移一层"按钮即可调整图片顺序；或者右键单击，在弹出的快捷菜单中进行选择，如图5-171所示。

3. 对齐多个对象

当幻灯片中有多个对象需要对齐时，一个个地拖动调整既麻烦又不够精确，可以选择多个对象，单击"图片工具—格式"/"绘图工具—格式"选项卡中的"对齐"按钮，通过下拉菜单中的命令进行调整，如图5-172所示。

图5-171　选择"下移一层"命令　　　图5-172　设置对齐

4. 巧妙压缩图片体积

在演示文稿内插入的图片过多时，会导致文件体积过大，不利于传送且会占用大量的存储空间，这时可以在不影响显示效果的情况下，将图片压缩。

单击"图片工具—格式"选项卡中的"压缩图片"按钮，在弹出的"压缩图片"对话框中进行设置即可。

5. 图片快速替换

利用漂亮的模板制作演示文稿时，里面的文字内容直接进行编辑即可，但是，若是里面的图片需要更改，而且又希望保持图片的格式不变，可以做到吗？这就需要用到"更改图片"命令，选择要更换的图片，右键单击，从弹出的快捷菜单中选择"更改图片"命令，如图5-173所示，然后在弹出的"插入图片"对话框中选择合适的图片，单击"插入"按钮即可，如图5-174所示。

图5-173 选择"更改图片"命令

图5-174 单击"插入"按钮

6. 图形和图片对象的组合与解散

页面中的图形和图片对象太多时，为了便于之后的操作，经常需要将相互关联的对象组合在一起。这时只需选择多个图形和图片对象，执行"图片/图形工具—格式>组合>组合"命令即可，如图5-175所示。也可以直接按Ctrl + G组合键将所选对象组合。

当需要对组合图形中的对象进行设置时，可以通过"组合>取消组合"命令，将组合图形解散，如图5-176所示。

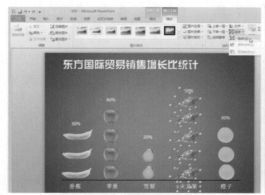

图5-175 选择"组合"命令

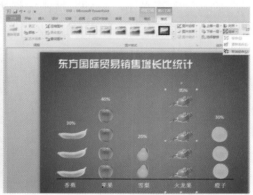

图5-176 选择"取消组合"命令

7. 图形的联合与剪辑

在PowerPoint中，还有几个不在功能区中的命令，但是却又对图形的绘制非常有用，这就是"形状组合"、"形状联合"、"形状交点"、"形状剪除"四个命令，下面先介绍一下如何将这几个命令添加到功能区中。

步骤1：在"绘图工具—格式"选项卡中功能区的任意位置右键单击，从弹出的快捷菜单中选择"自定义功能区"命令，如图5-177所示。

步骤2：在打开的"PowerPoint选项"对话框的"自定义功能区"选项设置界面中，在"从下列位置选择命令"下拉列表框中选择"不在功能区中的命令"，可以找到"形状组合"、"形状联合"、"形状交点"、"形状剪除"四个命令。在"自定义功能区"下拉列表框中选择"所有选项卡"，选择"绘图工具—格式"选项卡中的任意一组，单击"新建组"命令，如图5-178所示。

图5-177　选择"自定义功能区"命令　　　　　图5-178　单击"重命名"按钮

步骤3：选择新建的组，单击"重命名"按钮，重命名改组，如图5-179所示。

步骤4：依次选择"形状组合"、"形状联合"、"形状交点"、"形状剪除"命令，然后单击"添加"按钮，将其添加至"形状编辑"组中，然后单击"确定"按钮，如图5-180所示。即可在"绘图工具—格式"选项卡中看到新建组添加的命令，如图5-181所示。

图5-179　输入名称　　　　　　　　　图5-180　单击"确定"按钮

图5-181　显示新建组合添加的命令

下面来介绍这几个命令的作用。

- 形状联合：不减去相交部分，如图5-182所示。
- 形状组合：把两个以上的图形组合成一个图形，如果图形间有相交部分，则会减去相交部分，如图5-183所示。

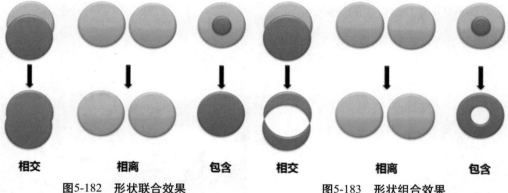

| 相交 | 相离 | 包含 | 相交 | 相离 | 包含 |

图5-182　形状联合效果　　　　　　　　　　**图5-183　形状组合效果**

- 形状剪除：根据鼠标选取时的顺序不同，结果也会不同，用后选择的形状，剪除先选择的形状上的未相交部分，如图5-184所示。
- 形状交点：保留形状相交部分，其他部分全部删除，如图5-185所示。

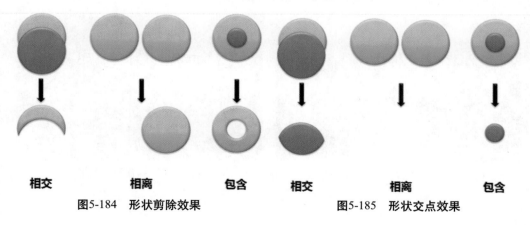

| 相交 | 相离 | 包含 | 相交 | 相离 | 包含 |

图5-184　形状剪除效果　　　　　　　　　　**图5-185　形状交点效果**

利用这些功能，我们可以做出一些非常漂亮实用的图形，如图5-186所示。

8. 图形的变形

在使用图形时，若发现对当前图形的形状不满意，可以通过两种方法来改变。第一种是更改图形，通过"绘图工具—格式>编辑图形>更改形状"命令，在关联菜单中选择合适的图形进行更改即可，如图5-187所示。

图5-186　联合和剪辑图形效果

还可以对图形进行编辑，只需选择图形，右键单击，在弹出的快捷菜单中选择"编辑顶点"命令，如图5-188所示。然后拖动顶点进行编辑即可，如图5-189所示。图5-190为编辑完成的效果。

图5-187　选择"更改图形"命令

图5-188　选择"编辑顶点"命令

图5-189　拖动顶点进行编辑

图5-190　编辑形状效果

第6章
声影的魅力

　　播放演示文稿的过程中，只是图片和图形等对象的应用，还满足不了一些用户的需求，为了使演示文稿更加突出，用户需要插入一些声音、视频文件来丰富演示文稿，增强演示文稿的视觉和听觉效果，提高观赏性和趣味性。本章我们来学习PPT中媒体的应用。

6.1 知识点突击速成

6.1.1 音频的插入与设置

声音是传递信息的一种有效途径，用户可以在幻灯片中插入合适的音频，以增强演示文稿的感染力。在PPT中，声音可以是来自外部的文件，也可以是来自"剪贴画音频"，还可以是用户自己录制的声音。

1. 插入文件中的音频

在PowerPoint 2010中，用户可以插入多种格式的音频文件，例如MP3、WMV、WMA等，按照以下操作步骤可将文件中的音频插入幻灯片页面中。

步骤1：选择需要插入音频的幻灯片，单击"插入"选项卡中的"音频"下拉按钮，从展开的列表中选择"文件中的音频"选项，如图6-1所示。

步骤2：打开"插入音频"对话框，选择需要插入的音频文件，单击"插入"按钮，如图6-2所示。

图6-1 选择"文件中的音频"选项

图6-2 单击"插入"按钮

2. 插入剪贴画音频

利用PowerPoint 2010自带的"剪贴画音频"功能，可以插入系统自带的一些声音文件。选择需要插入音频的幻灯片，单击"插入"选项卡中的"音频"下拉按钮，从展开的列表中选择"剪贴画音频"选项，打开"剪贴画"任务窗格，在该窗格中列出了一些声音文件，单击要插入的音频文件即可将其插入到幻灯片中，也可以将鼠标移至该文件上，单击右侧的下拉按钮，然后选择"插入"命令，如图6-3所示。

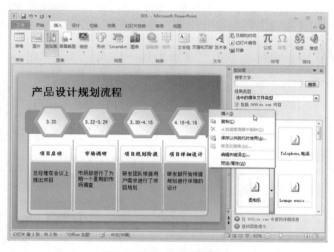

图6-3　插入剪贴画音频

3. 录制音频

用户还可以根据需要为当前演示文稿录制旁白，增强演示效果，其操作步骤如下。

步骤1：选择幻灯片，单击"插入"选项卡中的"音频"下拉按钮，从展开的列表中选择"录制音频"选项，如图6-4所示。

步骤2：弹出"录制"对话框，单击"录制"按钮●开始录制，录制过程中可以单击"暂停"按钮■暂停录制，录制完成后，可以单击"播放"按钮▶试听音频，然后单击"确定"按钮即可将录制的音频插入到演示文稿中，如图6-5所示。

207

图6-4　选择"录制音频"选项

图6-5　录制声音

4. 设置音频图标格式

插入音频后，若用户觉得当前声音图标不够美观，还可以对声音的图标进行设置，包括更改图标以及图标样式的设置。用户可以使用一张漂亮的图片作为声音的图标，其操作方法如下。

步骤1：选择声音图标，单击"音频工具—格式"选项卡中的"更改图片"按钮，如图6-6所示。

步骤2：打开"插入图片"对话框，从中选择合适的图片，单击"插入"按钮即可，如图6-7所示。

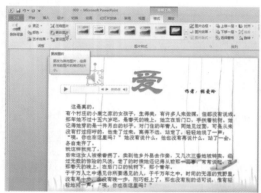
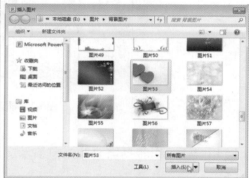

图6-6　单击"更改图片"按钮　　　　图6-7　选择图片

除此之外，用户还可以对该图标进行一些效果上的处理，其方法与设置图片效果一样，这里不再赘述。

5. 裁剪音频

若用户需要从该段音频的某个时间开始播放或者只需要某个音频文件中的部分音频，该怎么办呢？利用PPT提供的裁剪功能可以很好地解决。

裁剪音频功能可以设置声音的开始和结束时间，并且还可以为裁剪后的音频设置淡入淡出效果，其操作步骤如下。

步骤1：选择声音图标，单击"音频工具—播放"选项卡中的"剪裁音频"按钮，如图6-8所示。

步骤2：打开"剪裁音频"对话框，拖动两端的时间控制手柄调整声音文件的开始时间和结束时间，也可以通过"开始时间"和"结束时间"数值框来设置，设置完成后，单击"确定"按钮即可，如图6-9所示。

此外，设置完开始时间和结束时间后，还可以通过"音频工具—播放"选项卡上的"编辑"组中的"淡入"和"淡出"数值框，设置声音的淡入淡出效果。

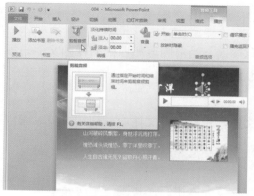

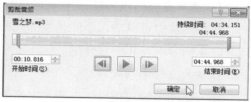

图6-8　单击"剪裁音频"按钮　　　　　　图6-9　"剪裁音频"对话框

6. 设置音频播放选项

为了使插入的音频可以很好地与放映的内容完美结合，还可以对声音的播放选项进行设置，如声音的播放方式、循环播放以及音量等，如图6-10～图6-12所示。

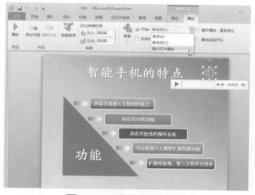

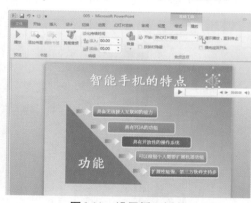

图6-10　设置播放方式　　　　　　　　图6-11　设置循环播放

图6-12　设置音量

6.1.2 视频的插入与设置

若用户觉得当前幻灯片太过单调，可以插入与当前内容相匹配的视频文件，插入的视频文件还可以进行美化、设置播放方式等操作。

1. 插入各类视频文件

在幻灯片中可以插入不同类型的视频文件，包括来自文件中的视频、剪贴画视频等。下面分别对其进行介绍。

1) 插入文件中的视频

插入文件中的视频操作与插入文件中的音频大体相似，其操作方法如下。

步骤1：选择需要插入视频的幻灯片，单击"插入"选项卡中的"视频"下拉按钮，从展开的列表中选择"文件中的视频"选项，如图6-13所示。

步骤2：打开"插入视频文件"对话框，选择需要插入的视频文件，单击"插入"按钮即可将视频文件插入到幻灯片中，如图6-14所示。

图6-13　选择"文件中的视频"选项　　　　图6-14　单击"插入"按钮

2) 插入剪贴画视频

利用PowerPoint 2010自带的"剪贴画视频"功能，插入方法与音频相同，如图6-15所示。这里不再赘述。

图6-15　插入剪贴画视频

2. 设置视频格式

插入视频后，还可以在"视频工具—格式"选项卡中对视频的播放格式进行相应的设置，如图6-16所示。

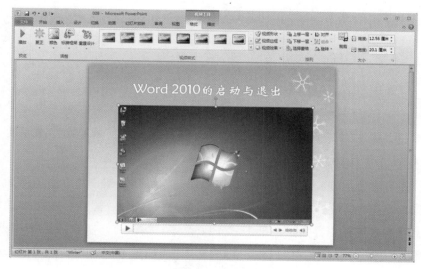

图6-16 "视频工具—格式"选项卡

- "播放"按钮：单击该按钮，可预览视频文件。
- "更正"按钮：单击该按钮，在展开的下拉列表中可以设置视频的亮度和对比度。
- "颜色"按钮：单击该按钮，在展开的下拉列表中可以选择一种着色方式。
- "重置设计"按钮：单击该按钮，可以在下拉列表中选择重置该视频的方式。

下面重点介绍标牌框架的设计以及美化视频样式的操作。

1) 为视频设计标牌框架

系统默认视频文件的第一帧为标牌框架，若用户对系统默认的框架不满意，可以自己设置标牌框架，该标牌框架可以是文件中的图片也可以是视频文件中的某一个画面。

(1) 使用图像作为标牌框架

使用电脑文件中的图像作为标牌框架的操作步骤如下。

步骤1：选择视频，执行"视频工具—格式>标牌框架>文件中的图像"命令，如图6-17所示。

步骤2：打开"插入图片"对话框，选择合适的图片，单击"插入"按钮即可，如图6-18所示。

图6-17 选择"文件中的图像"命令　　　　　图6-18 "插入图片"对话框

(2) 使用视频中的某个画面作为标牌框架

用户还可以使用视频中的某个画面作为视频的标牌框架，其操作步骤如下。

步骤1：选择视频，单击视频播放控制条上的"播放/暂停"按钮播放视频文件，当出现需要的视图界面时，单击"播放/暂停"按钮暂停播放，如图6-19所示。

步骤2：执行"视频工具—格式>标牌框架>当前框架"命令，即可将该画面设置为标牌框架，如图6-20所示。

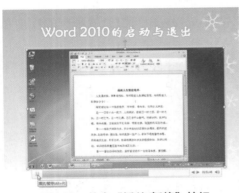

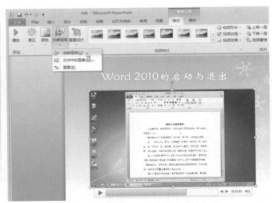

图6-19 单击"播放/暂停"按钮　　　　　图6-20 选择"当前框架"命令

2) 美化视频样式

若用户觉得默认的视频样式不够吸引观众，可以通过视频的格式选项卡为其设置边框、亮度和对比度、颜色、形状以及映像、阴影等一些特殊效果。设置方法与图像的设置相同，这里不再赘述。

3. 设置视频播放

在插入视频后，用户可以根据需要对视频的播放进行设置，其设置方法与设置音频的方法大体相同，选择视频后，切换至"视频工具—播放"选项卡，可以预览视频、为视频添加书签、剪裁视频、设置视频淡入淡出效果、调节视频音量、设置视频开始的方式、设置视频是否全屏播放以及视频的循环播放，如图6-21所示。

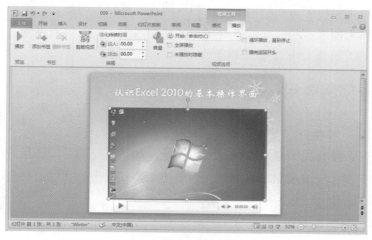

图6-21　"视频工具—播放"选项卡

6.2　高手经验

6.2.1　视频的应用原则

1. 尽量用链接形式插入视频

在插入视频时，在情况允许的情况下，最好不要直接以文件形式插入视频，因为视频占用的空间太大，演示文稿体积变大会使PPT程序运行变得迟钝，对演示文稿进行编辑时速度会变慢，可以通过链接的方式将视频插入到演示文稿中。

只需选择幻灯片后，执行"插入>视频>文件中的视频"命令，打开"插入视频文件"对话框，选择视频文件后，单

图6-22　选择"链接到文件"命令

击"插入"右侧的下拉按钮，从列表中选择"链接到文件"命令，如图6-22所示。

2. 视频时间不宜过长

插入的视频应当紧密配合演示文稿的内容，一般来说，演讲都会限定时间，即使没有限定，也是短小精悍的比较好。如果插入的视频时间过长，不但会分散观众的注意力，拉长演讲时间，还会增加演示文稿的大小。插入后的视频，可根据需要将其裁剪。

6.2.2 音频的应用技巧

1. 尽量使用文件格式小的音频

虽然说音频没有视频占用的空间大，但是，如果可能的话，还是应尽量使用文件格式小的音频，给演示文稿减减肥。如果使用格式较大的文件一样会因为占用空间拖累演示文稿的编辑和传送。

2. 不要滥用音频文件

虽然说插入音频文件可以让整个演示文稿变得动感起来，但是也不能滥用音频文件，太多的音乐效果只会是画蛇添足，而不适宜的音乐文件则会影响整个演示文稿的播放效果，例如，政府部门的演示文稿，却插入了比较抒情动感的音乐；而广告类的演示文稿则插入了一个哀伤婉转的音乐；科技类的演示文稿则配了一个活泼时尚的音乐……

3. 尽量不要用歌曲作为背景音乐

在利用音频美化演示文稿时，最好不要用歌曲作为音乐背景，除非当前演示文稿所要传达的主题和背景都与某一首歌曲相吻合。这是由于每一首歌曲都有已经固定的诠释，使用不恰当往往不是增光添彩而是弄巧成拙。另外，歌曲作为背景音乐，也容易使受众的关注点转移，只顾着听歌而忽视了文稿的内容。

6.3 实 例 进 阶

6.3.1 为文稿添加背景音乐效果

下面我们利用本章所学的内容，为一个企业宣传文稿添加背景音乐效果，其操作步骤如下。

步骤1：打开素材文件(光盘：\ch06\实例进阶\素材\背景音乐效果.pptx)，选择第1张幻灯片，执行"插入>音频>文件中的音频"命令，如图6-23所示。

步骤2：打开"插入音频"对话框，选择需要插入的音频文件，单击"插入"按钮，如图6-24所示。

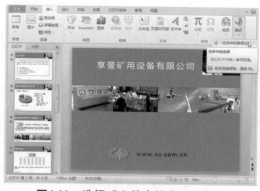

图6-23 选择"文件中的音频"命令

图6-24 选择音频文件

步骤3：选择音频文件，将其拖动至合适位置，如图6-25所示。

步骤4：单击"音频工具—播放"选项卡中的"剪裁音频"按钮，如图6-26所示。

图6-25 将声音图标拖至合适位置

图6-26 单击"剪裁音频"按钮

步骤5：打开"剪裁音频"对话框，拖动进度条上的滑块设置音乐开始时间和结束时间，单击"确定"按钮，如图6-27所示。

步骤6：在"播放"选项卡的"编辑"组中，设置音频"淡入"时间为"00.50"，"淡出"时间为"00.25"，如图6-28所示。

图6-27 剪裁音频

图6-28 设置淡入淡出时间

步骤7：单击"开始"右侧的下拉按钮，选择"跨幻灯片播放"选项，如图6-29所示。

步骤8：选中"播放时隐藏"以及"循环播放，直到停止"复选框，如图6-30所示。

图6-29　选择"跨幻灯片播放"选项　　　图6-30　选中"循环播放，直到停止"复选框

6.3.2　制作精美音乐课件

接下来介绍精美音乐课件的制作，会用到演示文稿的创建、图形和图像的插入、音频的插入、字体的设置等操作。

步骤1：打开一个演示文稿，执行"文件>新建"命令，默认选择"空白演示文稿"选项，单击右侧的"创建"按钮，如图6-31所示。

步骤2：单击快速访问工具栏上的"保存"按钮，如图6-32所示。

图6-31　单击"创建"按钮　　　　　　图6-32　单击"保存"按钮

步骤3：打开"另存为"对话框，设置保存路径、文件名和保存类型，单击"保存"按钮，如图6-33所示。

步骤4：切换至"设计"选项卡，单击"背景格式"按钮，从展开的列表中选择"设置背景格式"选项，如图6-34所示。

图6-33 单击"保存"按钮

图6-34 选择"设置背景格式"选项

步骤5：打开"设置背景格式"对话框，单击"文件"按钮，如图6-35所示。

步骤6：打开"插入图片"对话框，选择"图片1"，单击"插入"按钮，如图6-36所示。

图6-35 单击"文件"按钮

图6-36 单击"插入"按钮

步骤7：返回至幻灯片页面，在"单击此处添加标题"占位符中输入标题文本，如图6-37所示。

步骤8：设置字体为"方正硬笔行书简体"，并应用文本棱台效果"草皮"，阴影效果"右下斜偏移"，并将其移至页面顶端，如图6-38所示。

图6-37 输入标题

图6-38 设置字体格式

217

步骤9：执行"插入>图片"命令，打开"插入图片"对话框，选择合适的图片，单击"插入"按钮，如图6-39所示。

步骤10：单击"图片工具—格式"选项卡中的"删除背景"按钮，标记需要保留的区域，单击"保留更改"按钮即可，如图6-40所示。

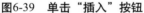

图6-39　单击"插入"按钮

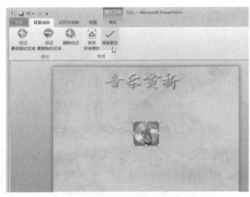

图6-40　单击"保留更改"按钮

步骤11：复制图片，并调整大小，使其叠放在一起，执行"图片工具—格式>图片效果>映像"命令，从关联菜单中选择"全映像，4pt偏移量"命令，如图6-41所示。

步骤12：执行"插入>形状"命令，从展开的列表中选择"矩形"命令，如图6-42所示。

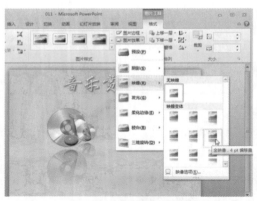

图6-41　选择"全映像，4pt偏移量"命令

图6-42　选择"矩形"命令

步骤13：绘制三个矩形，然后将其选择，执行"绘图工具—格式>形状样式>其他"命令，从展开的列表中选择"细微效果-橙色，强调颜色6"，如图6-43所示。

步骤14：切换至"插入"选项卡，单击"音频"下拉按钮，从列表中选择"文件中的音频"选项，如图6-44所示。

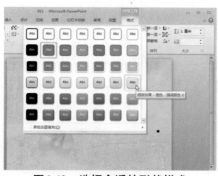

图6-43 选择合适的形状样式

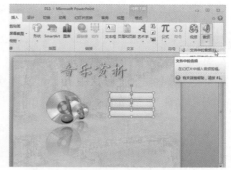

图6-44 选择"文件中的音频"选项

步骤15：打开"插入音频"对话框，选择音频文件，单击"插入"按钮，如图6-45所示。

步骤16：选择插入的音频，单击"音频工具-格式"选项卡中的"更改图片"按钮，如图6-46所示。

图6-45 单击"插入"按钮

图6-46 单击"更改图片"按钮

步骤17：打开"插入图片"对话框，选择合适的图片，单击"插入"按钮，如图6-47所示。

步骤18：调整音频图标的大小，然后执行"音频工具—格式>图片效果>棱台"命令，从关联菜单中选择"圆"效果，如图6-48所示。

图6-47 单击"插入"按钮

图6-48 选择"圆"效果

步骤19：在形状中输入文字，然后利用文本框输入歌曲背景介绍，如图6-49所示。

步骤20：选择"歌曲"、"歌手"、"专辑"、"歌曲背景"，设置其字体为"方正粗宋简体"，形状中的其他文本字体为"方正硬笔行书简体"，文本框中的字体为"楷体"，如图6-50所示。

图6-49　输入文本

图6-50　设置字体

6.4　技巧放送

1. 视频的剪辑与压缩

PowerPoint提供了强大的视频剪辑功能，可以将不必要的视频裁剪掉，并且可以压缩视频。方法是右击视频，然后选择"剪裁视频"命令，设置好"开始时间"和"结束时间"，完成后单击"确定"按钮，如图6-51所示。

如果裁掉的片段不再需要的话，可以在保存文件时，选择"压缩媒体"按钮，这样可以缩小作品占用的空间，如图6-52所示。

图6-51　裁剪视频

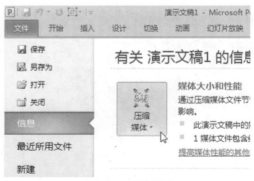

图6-52　压缩媒体

2. 视频的跳跃播放

有时候我们可能只需要播放某个视频的几个片段，或者根据情况来播放某一片段，如果这些片段都分别去剪裁成若干小片段显然是比较麻烦的，PowerPoint 2010提供了一个非常好的解决办法，那就是可以通过设置标签实现跳跃播放，操作步骤如下。

步骤1：插入视频文件，在需要播放的第一个片段的位置单击左键，选定播放位置，然后单击"播放"菜单选项，再单击"添加书签"按钮，如图6-53所示。

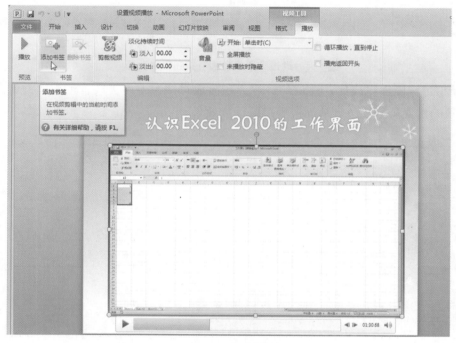

图6-53 添加书签

步骤2：切换到"动画"选项卡，选择动画效果为"搜寻"，第一个书签的动画即添加成功，如图6-54所示。

图6-54 为书签添加动画

步骤3：用同样的方法设置余下的书签，但要注意，书签的设置动画方法有所不同，在设置时，要单击"添加动画"按钮，然后在弹出的动画列表中选择"搜寻"，而不能直接像上一步骤中选择"搜寻"，如图6-55所示。

图6-55　通过"添加动画"按钮添加动画

步骤4：设置完成后，播放幻灯片，在播放时按右方向键或者下方向键就会跳到书签的位置进行播放，从而实现跳跃播放效果。

第7章
主题与母版让你事半功倍

在PowerPoint中，主题的应用往往容易被用户忽略，实际上这些主题在设计中是非常有用的，特别是对一些初学者来讲，合理运用这些主题会让用户快速制作出效果绚丽的演示文稿。而使用母版可以方便地统一幻灯片的风格，母版则包含着可出现在每一张幻灯片上的显示元素，如文本占位符、图片、动作按钮等。这些对象将出现在每张幻灯片的相同位置上。每个演示文稿的每个关键组件都有一个母版。对母版的定义对批量处理文稿同样起着非常重要的作用。本章我们就对主题和母版的知识进行详细的介绍。

7.1　知识点突击速成

7.1.1　主题

PowerPoint 2010提供了大量的主题模式，这些主题均有着较好的配色和结构设计，当然用户需要根据演示文稿的风格进行选择，如果用户对内置的主题样式不满意，还可以自定义主题样式。

1. 应用预定义主题

应用预定义主题，可以让用户不再为如何合理搭配界面颜色、字体样式以及对象样式等而烦恼，即使是PPT新手，也可以轻松制作出精美的幻灯片，其操作步骤如下。

步骤1：打开演示文稿，单击"设计"选项卡的"主题"组中的"其他"按钮，如图7-1所示。

步骤2：在主题下拉列表中选择"聚合"主题，即可应用该主题，如图7-2所示。

图7-1　单击"其他"按钮　　　　图7-2　选择"聚合"主题

用户还可以选择列表中的"浏览主题"选项，打开"选择主题或主题文档"对话框，找到自己需要的主题，单击"应用"按钮，即可应用该主题，如图7-3和图7-4所示。

图7-3 单击"应用"按钮

图7-4 应用主题效果

2. 自定义文档主题

若系统内置的主题样式不能满足用户需求，还可以自定义主题样式。自定义主题样式包括主题颜色以及主题字体的定义，定义主题完成后，还可以将自定义的主题保存，其操作步骤如下。

步骤1：设置主题颜色。选择演示文稿中的任一幻灯片，单击"设计"选项卡中的"颜色"按钮，从展开的列表中选择一种主题颜色，也可以选择"新建主题颜色"命令，自定义主题颜色，如图7-5所示。

步骤2：打开"新建主题颜色"对话框，在"主题颜色"选项组的各选项中，分别设置文字/背景色以及强调文字颜色，如图7-6所示。

225

图7-5 主题颜色列表

图7-6 设置主题颜色

步骤3：如果对设置的颜色不满意，可以单击左下角的"重置"按钮，将所有的主题颜色还原为原来的效果，如图7-7所示。

步骤4：设置完成后，单击"保存"按钮，返回到幻灯片页面，单击"颜色"按钮，在列表中的"自定义"选项下，将出现刚刚定义的"自定义4"颜色，如图7-8所示。

图7-7　单击"重置"按钮　　　　　　　　图7-8　主题颜色列表

除此之外，还可以设置主题的字体、效果以及背景样式，设置方法与颜色的设置基本相同，这里不再赘述。

3. 删除自定义主题

对于自定义的主题，如果不再需要，可以将其删除。展开主题列表，选择需要删除的主题，右键单击，从弹出的快捷菜单中选择"删除"命令即可，如图7-9所示。

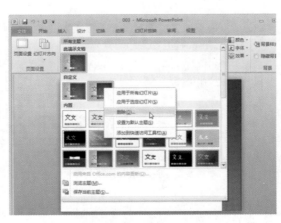

图7-9　选择"删除"命令

7.1.2 母版的应用与编辑

母版是用于存储关于模板信息的设计版块，这些模板信息包括字形、占位符大小和位置、背景样式以及配色方案等，PowerPoint 2010中共有三种母版，分别为幻灯片母版、讲义母版以及备注母版。使用设置好的母版，可以让用户无须对幻灯片从头开始设置，只需简单地在相应位置输入需要的内容即可。从而可以大大节约制作时间。

1. 幻灯片母版

在幻灯片母版中，用户可以插入和删除母版，也可以添加或删除幻灯片版式，设计完成后，可以将母版进行保存，下面将分别对其进行介绍。

1) 插入幻灯片母版

用户可以在演示文稿中插入新幻灯片母版，其操作步骤如下。

步骤1：打开演示文稿，单击"视图"选项卡中的"幻灯片母版"按钮，如图7-10所示。

步骤2：系统自动切换至"幻灯片母版视图"，单击"插入幻灯片母版"按钮，如图7-11所示。

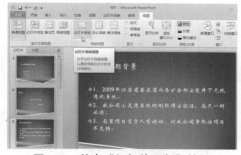

图7-10 单击"幻灯片母版"按钮

图7-11 单击"插入幻灯片母版"按钮

步骤3：插入一个空白主题的幻灯片母版，如图7-12所示。可以看到一个母版包含了很多页面，每个页面都是一种版式，用户可以根据需要编辑相应的页码，以达到自己的需求，如设置背景、插入文本框等。图7-13即为设置背景后的母版。

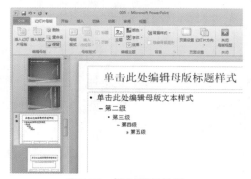

图7-12 插入母版效果

图7-13 单击"重命名"按钮

227

2) 添加幻灯片版式

幻灯片母版中给出了几种常用的版式，若用户经常要用到某种版式，每次都重新设计会浪费太多时间和精力，可以在母版中添加幻灯片版式，其操作步骤如下。

步骤1：执行"视图>母版视图"命令，单击"插入版式"按钮，如图7-14所示。

步骤2：在所选版式下方插入了一个新的版式，选择标题占位符，按Delete键删除，如图7-15所示。

图7-14　单击"插入版式"按钮

图7-15　选择占位符

步骤3：单击"插入占位符"按钮，从展开的列表中选择"文本"选项，如图7-16所示。

步骤4：拖动鼠标，在幻灯片中绘制文本占位符，如图7-17所示。

图7-16　选择"文本"选项

图7-17　绘制文本占位符

步骤5：按照同样的方法，在"插入占位符"列表中选择"图片"占位符，插入到当前版式中，然后单击"关闭母版视图"按钮，如图7-18所示。

步骤6：返回到普通视图，单击"开始"选项卡中的"新建幻灯片"按钮，在展开的列表中可以看到自定义的版式，如图7-19所示。

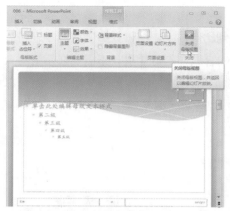

图7-18　单击"关闭母版视图"按钮

图7-19　"新建幻灯片"下拉列表

3) 保存幻灯片母版

幻灯片母版创建完成后，为了方便以后使用，还需要将其保存。执行"文件>另存为"命令，如图7-20所示，打开"另存为"对话框，输入文件名，设置"保存类型"为"PowerPoint模板"，单击"保存"按钮即可，如图7-21所示。

图7-20　选择"另存为"命令

图7-21　单击"保存"按钮

229

4) 删除幻灯片版式

对于不常用的一些版式，用户可以直接将其删除，删除方法与删除幻灯片相同。选中后按Delete键即可。

2. 讲义母版

在PPT中，可以按讲义的格式打印演示文稿，讲义可供听众在以后的会议中使用。单击"母版视图"下的"讲义母版"，即可创建讲义母版，在"讲义母版"视图中，可以设置"讲义方向"、"页眉和页脚"、"每页幻灯片数量"等，如图7-22所示。

3. 备注母版

如果演讲者把所有内容以及要讲的话都放到幻灯片上，演讲就会变成照本宣科。因此制作演示文稿时，可以把需要展示给观众的内容做在幻灯片里，不需要展示给观众的内容写在备注里。备注母版的创建也很容易，执行"视图>备注母版"命令，就可以根据需要设置相应的选项了，如图7-23所示。

图7-22　设置讲义母版

图7-23　设置备注母版选项

7.2　高　手　经　验

7.2.1　母版的特性与适应情形

母版具有统一、限制和速配的特性。所谓统一，是指具有统一的配色、版式、标题、字体和页面布局等；而限制则是实现统一的手段，限制个性的发挥；速配是指排版时可以根据内容类别一键选定对应的版式。

所以，当我们的PPT页面数量大、页面版式可以分为固定的若干类、又需要批量制作，对生产速度有要求时，使用母版就是一个非常好的选择。

7.2.2　弄清母版各页的类型

进入PPT母版视图，可以看到PPT自带的一组默认母版，分别是以下几类。

- Office主题页：在这一页中添加的内容会作为背景在下面所有版式中出现，因此，对于需要统一的内容，可以在这一页里进行设置，如背景、公司Logo等。

- 标题幻灯片：可用于幻灯的封面封底，定义的格式仅对当前页有用。
- 标题和内容幻灯片：标题+内容框架，不对其他幻灯片产生影响。

后面还有节标题、比较、空白、仅标题、仅图片等不同的PPT版式布局可供选择。

以上PPT版式都可以根据设计需要重新调整。保留需要的版式，将多余的版式删掉。

注：一个PPT中允许使用多组不同风格的母版，不过实际上用得不多，并无太大实际意义。

7.2.3 版式设计小技巧

1. 内容松弛要有度

一张页面中的内容过多，会给人拥挤之嫌，如图7-24所示，应当适当地进行排版，让版面紧凑而不拥挤，如图7-25和图7-26所示。但是也不能太少，那样就会造成页面的浪费，如图7-27所示。

图7-24　页面内容太多

图7-25　适当进行排版

图7-26　内容松弛有度

图7-27　内容太过分散的页面

2. 版块组成要合理

在安排页面版块构成时，要合理分配，不可失去平衡感、太过呆板让画面给人不好的感觉，如图7-28所示。而是要合理分配空间，让整个画面看起来动感、时尚而又舒适，如图7-29所示。

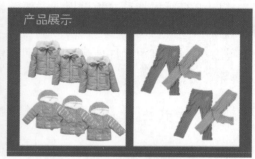

图7-28　布局不合理　　　　　　　　　图7-29　合理布局

3. 页面要适当留白

不能将每一张幻灯片都喂得太饱，这样会让观众失去欣赏演示文稿的胃口，如图7-30所示。而是要留有一定的空白，给观众一点点视觉停留的余地，让观众意犹未尽，如图7-31所示。

图7-30　页面过饱和　　　　　　　　　图7-31　有适当空白的幻灯片

7.3 实例进阶——制作演示文档模板

在制作演示文稿时，如果有制作好的演示文档模板，会很大程度上提高工作效率。下面来介绍一下演示文档模板的制作。

步骤1：双击桌面上的PowerPoint 2010程序快捷方式，如图7-32所示。

步骤2：自动创建一个空白演示文稿，单击快速访问工具栏中的"保存"按钮，如图7-33所示。

图7-32 双击快捷方式图标

图7-33 单击"保存"按钮

步骤3：打开"另存为"对话框，设置保存路径、文件名、保存类型，单击"保存"按钮，如图7-34所示。

步骤4：切换至"视图"选项卡，单击"幻灯片母版"按钮，如图7-35所示。

图7-34 单击"保存"按钮

图7-35 单击"幻灯片母版"按钮

步骤5：选择"Office主题幻灯片母版"，单击"背景格式"按钮，从展开的列

233

表中选择"设置背景格式"选项，如图7-36所示。

步骤6：打开"设置背景格式"对话框，选中"图片或纹理填充"单选按钮，单击"文件"按钮，如图7-37所示。

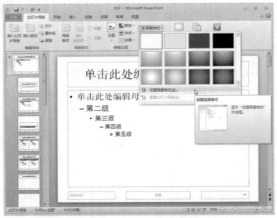

图7-36　选择"设置背景格式"选项

图7-37　单击"文件"按钮

步骤7：在打开的对话框中选择合适的图片，单击"插入"按钮，如图7-38所示。

步骤8：选择"标题幻灯片"版式，按照同样的方法插入背景图片，如图7-39所示。

图7-38　单击"插入"按钮

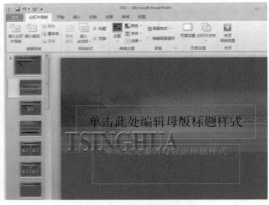

图7-39　插入页面背景

步骤9：再次选择"Office主题幻灯片母版"，执行"插入>图片"命令，如图7-40所示。

步骤10：在打开的"插入图片"对话框中，选择合适的图片，单击"插入"按钮，如图7-41所示。

234

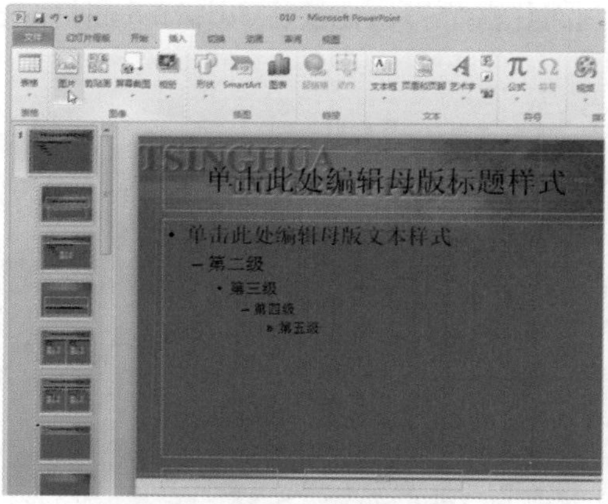

图7-40　单击"图片"按钮

图7-41　单击"插入"按钮

步骤11：调整图片的大小和位置，将其移至页面右下角，如图7-42所示。

步骤12：切换至"幻灯片母版"选项卡，单击"插入版式"按钮，如图7-43所示。

图7-42　调整图片大小和位置

235

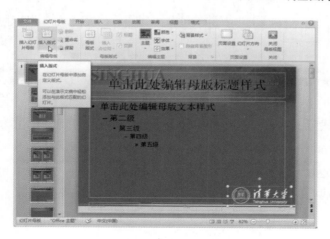

图7-43　单击"插入版式"按钮

步骤13：单击"插入占位符"按钮，从展开的列表中选择"图片"选项，如图7-44所示。

步骤14：在幻灯片页面的合适位置绘制图片占位符，在按住Ctrl键的同时，拖动鼠标复制图片占位符，如图7-45所示。

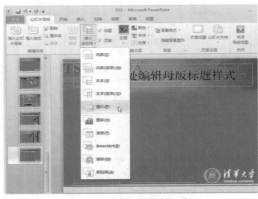

图7-44　选择"图片"选项

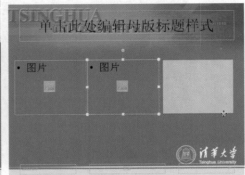

图7-45　复制图片占位符

步骤15：同样执行"插入占位符>文本"命令，如图7-46所示。

步骤16：在插入的占位符中，输入提示性文字，如图7-47所示。

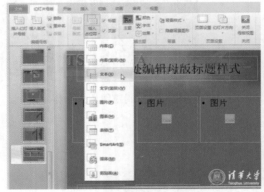

图7-46　选择"文本"命令

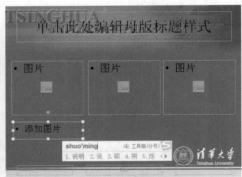

图7-47　输入文本

步骤17：设置文本占位符中的字体为楷体、24号，并复制该占位符到对应的图片占位符下方，单击"关闭母版视图"按钮，如图7-48所示。

步骤18：返回至普通视图，若需要利用自定义的版式，可以单击"新建幻灯片"按钮，在展开的列表中选择自定义的版式即可，如图7-49所示。

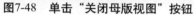

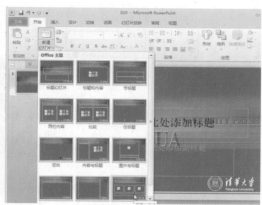

图7-48 单击"关闭母版视图"按钮　　　　　图7-49 选择合适的幻灯片版式

7.4 技 巧 放 送

1. 在演示文稿中所有幻灯片的固定位置添加内容

当需要在所有幻灯片中的某一位置添加固定的元素时，如公司LOGO，就可以进入母版视图，选择Office主题页母版，然后添加需要的内容即可，这样添加的内容将会出现在所有的幻灯片中。

2. 在母版中添加页眉和页脚

在母版视图中，执行"插入>页眉和页脚"命令，在弹出的对话框中进行设置即可，如图7-50所示。

3. 在同一演示文稿中应用多个主题

若用户希望在一个演示文稿中应用多个主题，可以选择幻灯片后，在主题样式列表中选择需要的主题样式，右键单击，从弹出的快捷菜单中选择"应用于选定幻灯片"命令，然后再设置其他幻灯片的主题即可。

4. 设置主题的背景

对于应用了某一主题的幻灯片，如果想对主题的背景进行修改，或者更改该主题的背景图片，则可以通过在幻灯片上右击，在弹出的快捷菜单中选择"设置背景格式"命令，在打开的"设置背景格式"对话框中，通过填充、图片更正、图片颜色、艺术效果等选项对背景进行编辑或者更换，如图7-51所示。

237

图7-50　插入页眉和页脚

图7-51　设置背景格式

5. 隐藏背景

应用了主题以后，如果某一张幻灯片不再需要背景图像，可以将其隐藏，在"设计"面板中选中隐藏背景图形复选框即可，如图7-52所示。

图7-52　隐藏背景图形

第8章
展开灵动的画卷

经过前面几章的学习，我们已经可以做出界面美观大方的PPT了，如果能再来点动态效果，是不是就更加完美了呢？PowerPoint提供了丰富多样的动画以及画面切换效果，可以瞬间让您的PPT鲜活起来，本章我们就来一起展开PPT这幅灵魂的画卷！

8.1 知识点突击速成

8.1.1 幻灯片的切换

放映连续的幻灯片时，从上一张到下一张的过程称为切换。PowerPoint提供了各种各样的切换效果，实现过程也非常简单。

1. 设置幻灯片切换效果

幻灯片的切换效果是指连续的幻灯片，在一张幻灯片放映完成后，下一张幻灯片以什么样的方式出现在屏幕中的衔接效果。其设置方法如下。

选择需要应用切换效果的幻灯片，单击"切换"选项卡上的"切换到此幻灯片"组中的"其他"按钮，如图8-1所示。在展开的列表中，选择一种合适的切换方案，这里选择"推进"方案，如图8-2所示。

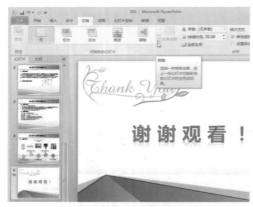
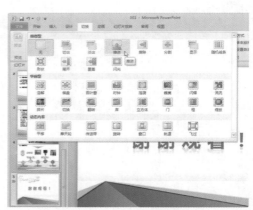

图8-1 单击"其他"按钮   图8-2 选择"推进"效果

设置切换效果后，在"幻灯片/大纲"窗格可以看到幻灯片序号下方显示 符号，还可以进一步设置该方案的效果，单击"效果选项"按钮，从列表中可以选择切换方案对应的效果，选择一种合适的效果即可，这里选择"自右侧"选项，如图8-3所示。设置完成后，系统会自动播放该效果，用户可以单击"预览"按钮，预览切换效果，如图8-4所示。

图8-3　选择"自右侧"选项

图8-4　单击"预览"按钮

2. 设计切换声音和持续时间

设置完成切换效果后，还可以为所选效果配置音效和改变切换持续时间，增强演示文稿的吸引力。

设置切换效果后，单击"声音"右侧的下拉按钮，从展开的列表中选择合适的声音效果，这里选择"风铃"选项，如图8-5所示。若选择最下方的"播放下一段声音之前一直循环"选项，在幻灯片切换期间将循环播放该音效。

通过"持续时间"右侧的数值框，可以调节切换的持续时间，如图8-6所示。

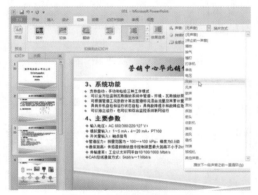

图8-5　选择"风铃"选项

图8-6　设置切换持续时间

8.1.2　动画方案

鲜活的动画效果可以为演示文稿增光添彩，用户可为演示文稿中的文本、图片、图形以及表格等对象设置动画效果，让整个演示文稿活跃起来。下面将介绍动画方案的设计，包括添加动画效果、动画窗格的使用以及动画计时设置等。

1. 添加动画效果

动画效果可以分为进入、退出、强调以及路径等，那么，如何为幻灯片中的对象添加这些动画效果呢？

1) 添加单个动画效果

对于未添加过动画效果的对象来说，直接选择对象，然后单击"动画"选项卡的"动画"组中的"其他"按钮，从展开的列表中进行选择即可，当鼠标停留在某一效果上时，可以预览该效果，这里选择"飞入"效果，如图8-7所示。

添加动画效果后，"效果选项"按钮将由灰色的不可选状态变为可选，单击该按钮，在展开的列表中进行选择即可，这里选择"自左侧"效果，如图8-8所示。

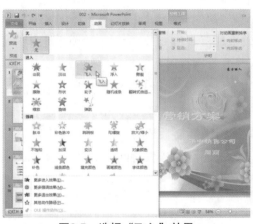

图8-7　选择"飞入"效果

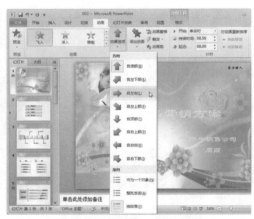

图8-8　选择"自左侧"效果

2) 添加多个动画效果

若用户希望可以为当前对象添加多个动画效果，可以继续单击"添加动画"按钮，从展开的列表中选择一种合适的效果进行添加，这里选择"放大/缩小"效果，如图8-9所示。

3) 修改和删除动画效果

添加动画后，若用户希望对多个动画效果中的一个进行修改，可以单击动画左侧的数字，即可选中该效果，然后根据需要进行修改即可，如图8-10所示。若需要删除该动画，可以选中该效果后，直接在键盘上按Delete键删除即可。若需要预览动画效果，则可以单击"预览"按钮。

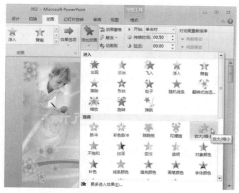

图8-9 选择"放大/缩小"效果

图8-10 单击选择动画

2. 动画窗格

在同一幻灯片中添加多个动画效果后,若需要查看或修改各个动画之间的衔接效果、调整动画的先后顺序等,可以通过"动画窗格"来设置。

单击"动画"选项卡中的"动画窗格"按钮,将打开"动画窗格",如图8-11所示。其中列出了当前幻灯片中的对象应用的所有动画效果选项,且各选项的排列顺序就是动画播放的顺序。

单击"播放"按钮,可以预览该当前幻灯片中的所有动画效果;选择某一动画效果选项,单击"上移"⬆或"下移"⬇按钮,可以将所选动画效果选项上移或下移一个位置或者选择该动画效果选项后,拖动鼠标调整顺序。

选中某一动画选项后,将会出现一个下拉按钮,单击该按钮,在展开的列表中可以设置动画开始的方式、动画效果、动画计时以删除动画等,若选择"效果选项",则打开相应的效果对话框,可在打开的对话框中对动画效果进行详细的设置,如图8-12所示。

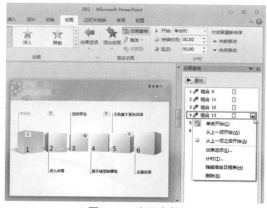

图8-11 动画窗格

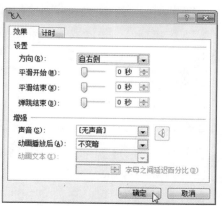

图8-12 "飞入"对话框

3. 动画计时

为对象应用动画效果后，系统会默认开始方式和持续时间以及延迟时间，若系统默认的动画计时不符合当前工作需求，可以对其进行更改。

在"动画"选项卡的"计时"组中，用户可以单击"开始"右侧的下拉按钮，从其列表中选择一种合适的开始方式；通过"持续时间"右侧的数值框调整动画持续时间；通过"延迟"右侧的数值框设置动画延迟时间；通过 ▲ 向前移动 按钮和 ▼ 向后移动 按钮，可以调整所选动画在当前幻灯片中的顺序，如图8-13所示。

也可以执行"动画>动画窗格"命令，选中动画效果选项，右键单击，在弹出的快捷菜单中选择"计时"命令，打开该动画效果对话框，在"计时"选项卡中，设置动画计时即可，如图8-14所示。

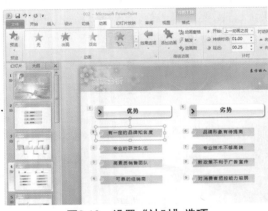

图8-13 设置"计时"选项

图8-14 在对话框中设置动画计时

8.1.3 各类动画的实现

系统根据动画的效果将动画分为进入、退出、强调以及路径四种类型，每种类型又包括多种效果。当需要为对象添加多个对象时，还会引入组合动画的概念，下面将对这几种动画进行介绍。

1. 进入和退出动画

进入动画是对象在幻灯片页面中从无到有、逐渐出现的动画过程；而退出动画则与之相反，它是对象从有到无、逐渐消失的过程。

1) 进入与退出动画概述

执行"动画>其他动画"命令，在列表中，包括进入、强调、退出以及路径四种类型的动画，用户可以在列表中的"进入"或"退出"选项中进行选择，还可以选择"更多进入效果"或"更多退出效果"选项，如图8-15所示。

在打开的对话框中可以看到进入和退出效果，可以分为：基本型、细微型、温和型以及华丽型四种，如图8-16所示。

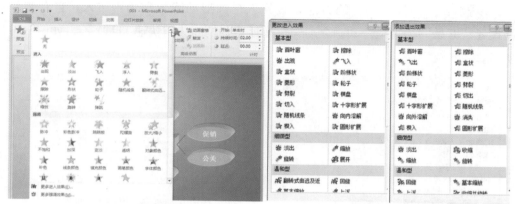

图8-15 动画效果列表　　　　　　　　图8-16 更多进入和退出效果

其中基本型是最常用的类型，在动作过程中所占的位置和版面大小不会发生改变；细微型效果不太明显；温和型则相对适中；华丽型变形明显且动作幅度偏大，但是有些动作不适用于当前图形时，会变成灰色无法使用状态。用鼠标选中某一效果时，在幻灯片页面可实时预览该动画效果。

2) 进入与退出动画的实现

下面我们以一个小例子来介绍如何实现进入和退出动画，其操作步骤如下。

步骤1：打开演示文稿(光盘：\ch08\正文素材\原始文件\003.pptx)，进入动画的设置。按住Ctrl键从左至右依次选取蓝色的直线和圆弧形状，执行"动画>动画>飞入"命令后，再执行"效果选项>自右侧"命令，如图8-17所示。

步骤2：打开动画窗格，按住Shift键单击第二个和最后一个动画效果选项，单击某一选项右侧的下拉按钮，从中选择"计时"选项，如图8-18所示。

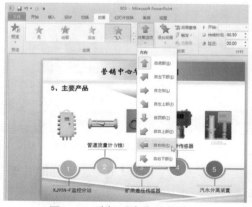

图8-17 选择"自右侧"命令

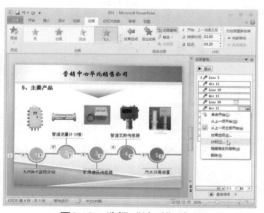

图8-18 选择"计时"选项

步骤3：在打开的对话框的"计时"选项卡中，设置"开始"为"上一动画之后"，无延迟，期间为"非常快（0.5秒）"，单击"确定"按钮，如图8-19所示。

步骤4：然后按照同样的方法，设置五个圆形动画效果为：飞入，自右侧，并设置"开始"为"上一动画之后"，无延迟，期间为"快速（1秒）"，如图8-20所示。

图8-19　设置动画计时

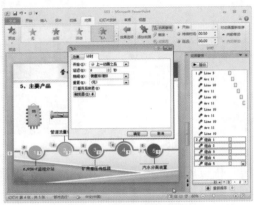

图8-20　设置圆形计时

步骤5：退出效果的设置。选择组合14、15、16、17、18，执行"动画>动画>更多退出效果"命令，打开"更改退出效果"对话框，选择"玩具风车"效果，单击"确定"按钮，如图8-21所示。

步骤6：选择组合14～18，打开计时选项，设置"开始"为"上一动画之后"，无延迟，期间为"快速（1秒）"，如图8-22所示。

图8-21　选择"玩具风车"效果

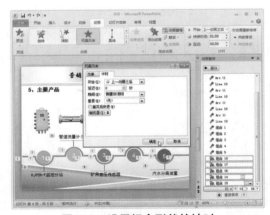

图8-22　设置组合形状的计时

步骤7：选择组合18，按住鼠标左键不放，将其拖动至组合1下方，同样的，调整其他组合的位置，如图8-23所示。调整完成后，单击"播放"按钮，预览动画效果，如图8-24所示。

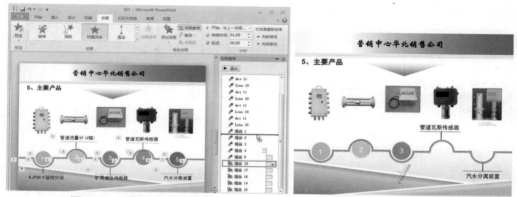

图8-23 调整动画选项的顺序　　　　　图8-24 预览动画效果

2. 强调动画

强调动画是指在放映过程中可以吸引观众注意的一类动画，它可以让对象放大、缩小、更改颜色以及陀螺旋转等。

强调动画的添加和进入动画类似，且同样可分为基本型、细微型、温和型以及华丽型四种类型。下面以文本框应用强调动画效果为例进行介绍。

步骤1：选择文本框，执行"动画>动画>更多强调效果"命令，打开"更改强调效果"对话框，选择"补色2"效果，单击"确定"按钮，如图8-25所示。

步骤2：执行"触发>单击>Text Box 1026"命令，如图8-26所示。

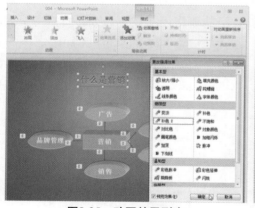

图8-25 动画效果列表

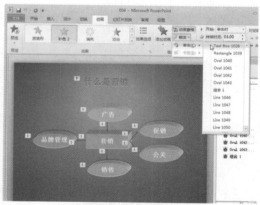

图8-26 设置触发方式

步骤3：在"动画窗格"中选择文本框动画效果选项，单击右侧的下拉按钮，在列表中选择"效果选型"，在打开的"补色2"对话框的"效果"选项卡中，设置"声音"为"增强"，单击"动画播放后"右侧的下拉按钮，在列表中选择"播放动画后隐藏"选项，如图8-27所示。

步骤4：切换到"计时"选项卡，设置"期间"为"慢速(3秒)"，重复"3"次，关闭该对话框即可，如图8-28所示。

图8-27　选择"播放动画后隐藏"选项　　　　图8-28　设置计时方式

3. 路径动画

路径动画是指对象沿着绘制的路径运动的动画效果，可以让对象上下、左右或者沿着圆形或心形等图案移动。

路径动画的设置与之前介绍的几种动画的设置方法类似，但是，需要注意的是，由于路径动画丰富的效果，稍有不慎就会让路径动画变成画蛇添足，且会大大降低页面美观，下面举例介绍动作路径的设置。

步骤1：在页面中插入一个正五边形作为参考图形，调整页面中五个圆球的位置，使圆球的圆心分别位于五边形的五个端点，如图8-29所示。

步骤2：删除正五边形，执行"动画>动画>其他路径动作"命令，打开"更改动作路径"对话框，选择"五边形"效果，单击"确定"按钮，如图8-30所示。

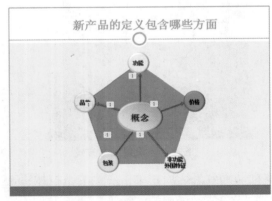

图8-29　调整图形位置

图8-30　选择"五边形"效果

步骤3：在路径动画里，绿色三角形为路径动画的起点，而三角形底边的中心点为对象开始运动时的中心点，在其他路径中还会出现一个红色三角形，为路径的终止点，拉动绿色或红色三角形可以调整对象的起始或终止位置，在正五边形、圆形等循环路径里，起始点和终点重合，只显示绿色三角形。图形周围的白色圆形顶点为路径图形的调节按钮，调节路径的大小，如图8-31所示。

步骤4：双击"动画刷"按钮，依次单击其他四个圆球，如图8-32所示。

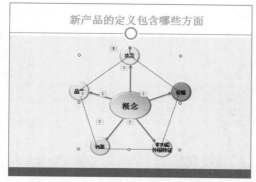

图8-31　调整动作路径

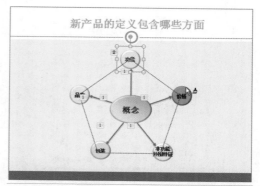

图8-32　使用动画刷

步骤5：调整其他圆球的动作路径，使其彼此重合，如图8-33所示。

步骤6：打开动画窗格，选择设置路径动画效果的五个选项，在功能区的"计时"组中，设置"开始"为"上一动画之后"，"持续时间"为"04:00"，如图8-34所示。

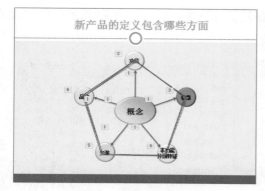

图8-33　调整多个路径

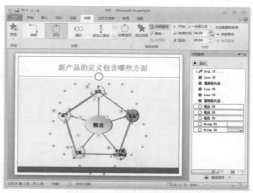

图8-34　设置动画计时

4. 组合动画

除了可以使用上面介绍的任意一种动画效果外，用户还可以利用两种或两种以上的动画组合出动画效果。一般来说，用户会采用强调动画和其他三种动画相互组合，以及进入、退出动画和强调动画的相互组合，例如，设置对象飞入式放大/缩小效果。下面通过一个例子来介绍如何实现该组合动画。

步骤1：选择需要设置组合动画的圆形，为其应用进入动画中的"飞入"效果，并设置其"自左侧"飞入，如图8-35所示。

步骤2：单击"添加效果"按钮，从列表中选择"强调"选项下的"放大/缩小"效果，如图8-36所示。

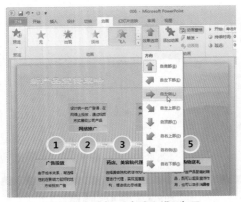

图8-35　选择"自左侧"选项

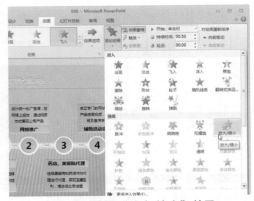

图8-36　选择"放大/缩小"效果

步骤3：设置计时方式"开始"为"自上一动画之后"，如图8-37所示。

步骤4：选择第三个效果选项，右键单击，在弹出的快捷菜单中选择"效果选项"命令，打开"放大/缩小"对话框，单击"尺寸"选项右侧的下拉按钮，在自定义右侧的文本框中输入数值"120%"并按Enter键确认，然后单击"确定"按钮，即可更改放大的尺寸，如图8-38所示。这样即可实现圆形的飞入式放大/缩小效果，然后依次设置其他图形即可。

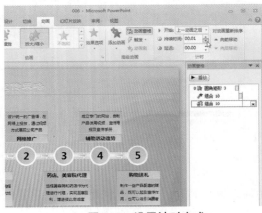

图8-37　设置计时方式

图8-38　设置放大尺寸

8.1.4 动画的链接

在演示文稿中，若需要大量信息对当前目录、某个词语、图片或者图形等进行说明，直接显示出来会影响整个文档的结构和美观，这时，可以通过插入链接的方法将这些说明性的信息通过链接的方式与演示文稿结合起来。

1. 创建超链接

所谓的超链接，是指我们在浏览网页时，单击某段文本或某个对象，会自动弹出另一个相关的网页，而在PPT中，可以为幻灯片的文本或对象创建超链接。

1) 创建文本超链接

制作完成幻灯片后，可以为其中的文字或图片等对象创建超链接，其操作步骤如下。

步骤1：选择需要设置超链接的文字，单击"插入"选项卡中的"超链接"按钮，如图8-39所示。

步骤2：打开"插入超链接"对话框，可以看到链接的位置有网页、文档中的位置以及邮箱地址等，这里将链接指向一个外部网页，输入地址后单击"确定"按钮即可，如图8-40所示。

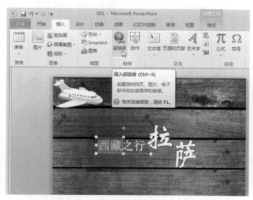

图8-39 单击"超链接"按钮   图8-40 输入链接的网址

2) 创建动作按钮超链接

除了使用超链接之外，还可以通过动作按钮，将有关联的幻灯片与当前幻灯片链接，其操作方法如下。

步骤1：选择需要插入链接的幻灯片，单击"插入"选项卡中的"形状"按钮，从展开的列表中选择"后退或前一项"选项，如图8-41所示。

步骤2：当鼠标指针变为十字形时，拖动鼠标绘制合适大小的动作按钮，如图8-42所示。

251

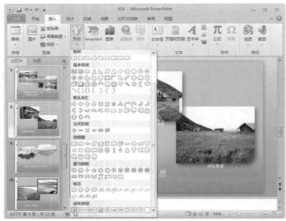

图8-41　选择"后退或前一项"选项　　　　图8-42　拖动鼠标绘制动作按钮

步骤3：打开"动作设置"对话框，选中"超链接到"单选按钮，其他保持默认，单击"确定"按钮即可，如图8-43所示。

步骤4：选中动作按钮，还可以在"绘图工具-格式"选项卡中设置动作按钮的格式，如图8-44所示。

图8-43　"动作设置"对话框　　　　图8-44　创建动作按钮效果

2. 编辑超链接

设置超链接完成后，还可以根据需要对超链接进行编辑，包括链接地址的更改、超链接文字颜色的设置。

1) 更改链接地址

对于文字、图片等对象来说，只要单击"插入"选项卡中的"超链接"按钮，或者右键单击，在弹出的快捷菜单中选择"编辑超链接"命令，如图8-45所示。在打开的"编辑超链接"对话框中进行更改即可，如图8-46所示。

图8-45 选择"编辑超链接"命令　　　图8-46 "编辑超链接"对话框

　　而对于通过动作按钮设置的超链接来说，需要单击"插入"选项卡中的"动作"按钮，如图8-47所示。在打开的"动作设置"对话框中进行更改，如图8-48所示。

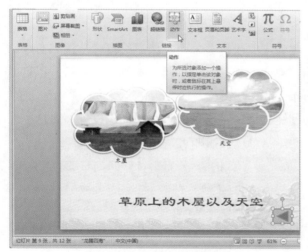

图8-47 单击"动作"按钮　　　图8-48 "动作设置"对话框

2) 更改链接文字颜色

　　设置过超链接的文字，颜色会发生变化，若用户不满意主题颜色中超链接的颜色，可以新建主题颜色来更改，其操作步骤如下。

　　步骤1：选择幻灯片，单击"设计"选项卡中的"颜色"按钮，从展开的列表中选择"新建主题颜色"选项，如图8-49所示。

　　步骤2：打开"新建主题颜色"对话框，单击"超链接"选项右侧的颜色下拉按钮，选择合适的颜色作为超链接颜色，同样设置已访问的超链接颜色，在"名称"右侧的文本框中输入新建主题颜色名称，单击"保存"按钮即可，如图8-50所示。

253

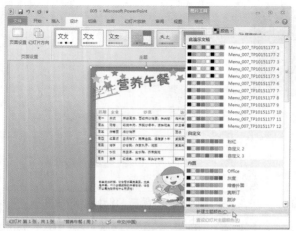

图8-49　选择"新建主题颜色"选项　　　　　图8-50　"新建主题颜色"对话框

3) 清除超链接

当幻灯片中存在无用的超链接时，会影响用户的演讲，混淆听众的视线，可以将其清除。

右键单击需要清除的超链接，在弹出的快捷菜单中选择"编辑超链接"命令，打开"编辑超链接"对话框，单击"删除链接"按钮即可，如图8-51所示。也可以右键单击，从弹出的快捷菜单中选择"取消超链接"命令。

但是对于通过动作按钮设置的超链接来说，还可以打开"动作设置"对话框来设置，只需在该对话框中选中"无动作"单选按钮即可，如图8-52所示。

图8-51　单击"删除链接"按钮　　　　　图8-52　"动作设置"对话框

8.2　高手经验

8.2.1　使用动画的原则

1. 不要画蛇添足

动画可以增强PPT的视觉效果，但并不是任何情况都需要动画，有的PPT并不需要或者添加太花哨的动画，这些只会分散听众的注意力，打乱原有的节奏，如果只是为了显示自己的动画技巧，结果会适得其反，如图8-53所示。

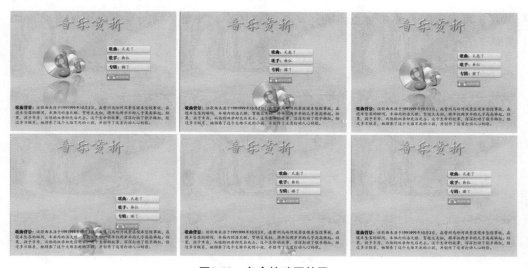

图8-53　多余的动画效果

一般来说，在政府部门、重要会议、教学课件等比较严肃和正式的演示文稿中，不需要太多修饰性比较复杂的动画，添加的动画要尽可能简洁、迅速，如图8-54所示。

图8-54　简洁迅速的动画效果

图8-54　简洁迅速的动画效果（续）

2. 要流畅自然

万物都有其自然规律，动画的设计也应当遵循一定的自然规则，例如形状由远及近地进入页面时，肯定是由小到大；立体的对象发生变化时，其阴影部分也要随之同步发生变化；球形的物体运动时往往伴随着弹跳和旋转效果等等。总之，就是动画之间相互配合要符合正常的运动或变化规律，使整个画面看上去流畅自然，如图8-55所示。

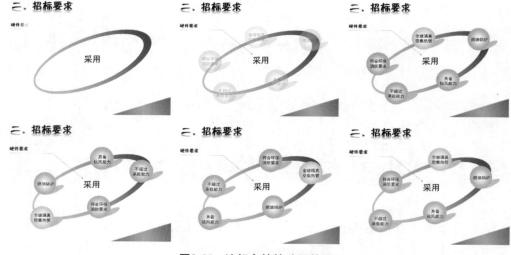

图8-55　流畅自然的动画效果

3. 动画要符合主题，注意场合

在运用动画时，要注意PPT所表现的主题。比如，一个非常严肃的会议，就不适合使用诸如弹跳式、旋转式、跷跷板式的动画效果，而可以采用类似于快速飞入、擦除式的动画效果。而对于一些要求活泼可爱的演示效果，则可以结合内容适当使用夸张点的动画效果，甚至可以在一个对象上使用多个效果。

4. 创意无限

创意将决定动画最终效果的好坏，就像我们天天吃饭一样，无论多么美味的佳肴，若是一年365天都让你吃同样的饭，那也会味同嚼蜡吧？同样的，动画也是需要新意的，无论你的动画做得多么流畅和自然，但是一旦落入俗套，就不能带给观众惊喜，而一组充满了创意的动画，肯定能带给观众震撼。

　　创意无限制，但是一定要够新颖，新就是能够"人无我有，人有我优"，够趣味，再新颖的动画，如果不能充满趣味，也就失去了吸引受众眼球的能力，还做它干什么呢？够精确，一个好的PPT动画，就是要根据内容精确地传达演示文稿所要传达的信息，动画效果和内容要相互协调。

8.2.2　如何设计片头动画

　　俗话说"良好的开端是成功的一半"，片头动画就是幻灯片的开场，它的好坏将直接决定着演示文稿的整体效果。就像我们写作文时，总会需要一两句经典干练的语言，演示文稿也是一样，一个好的片头动画，可以把观众分散的注意力吸引到演讲上来。一般来说，只要按照上一小节所述的原则来设计片头动画即可，如图8-56所示。

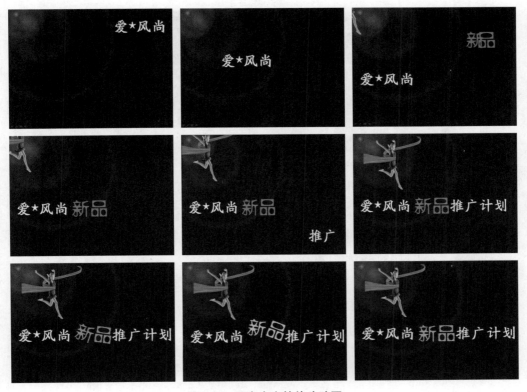

图8-56　漂亮大方的片头动画

8.3　实例进阶——为PPT加上动画和链接

下面利用本章节所学知识为一个演示文稿添加动画和链接，其具体的操作步骤如下。

步骤1：打开素材文件(光盘：\ch08\实例进阶\素材\012.pptx)，选择第1张幻灯片，切换至"切换"选项卡，选择"淡出"效果，单击"全部应用"按钮，设置所有幻灯片均为此换片方式，如图8-57所示。

步骤2：选择标题文本，选择"动画"选项卡的"动画"组中的"飞入"效果，在"计时"组中，单击"开始"右侧下拉按钮，从列表中选择"上一动画之后"选项，如图8-58所示。

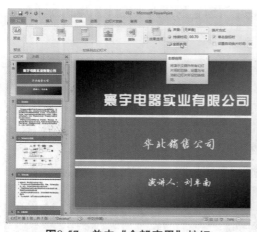
图8-57　单击"全部应用"按钮

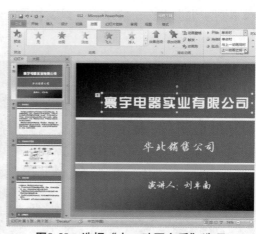
图8-58　选择"上一动画之后"选项

步骤3：若其他对象的动画效果需要设置为与当前相同，可以双击"动画刷"按钮，此时鼠标指针变为小刷子形状，然后依次在对象上单击，如图8-59所示。

步骤4：单击"动画窗格"按钮，打开"动画窗格"，单击"播放"按钮，预览本张幻灯片的动画效果，若发现有动画效果排列顺序有误，可以选择需要调整的对象，拖动鼠标移至合适的位置即可，如图8-60所示。

图8-59 使用动画刷

图8-60 调整动画排列顺序

步骤5：将第2、4、5张幻灯片中的正文文本动画效果均设置为"飞入"，开始方式为"单击时"，并在"动画窗格"中选择文本框对象并右键单击，从弹出的快捷菜单中选择"效果选项"命令，如图8-61所示。

步骤6：打开"飞入"对话框，在"正文文本动画"选项卡中，单击"组合文本"选项右侧的下拉按钮，从列表中选择"按第一级段落"选项，如图8-62所示。

图8-61 选择"效果选项"命令

图8-62 选择"按第一级段落"选项

步骤7：选择第3张幻灯片中的图片，设置动画效果为"翻转式由远及近"，开始方式为"上一动画之后"，如图8-63所示。

步骤8：从左至右依次选择第6张幻灯片中的形状，设置动画为"飞入"效果，单击"效果选项"下拉按钮，从展开的列表中选择"自右侧"选项，如图8-64所示。

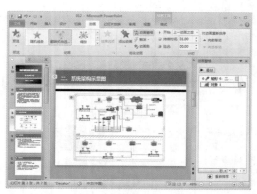

图8-63 选择"翻转式由远及近"效果

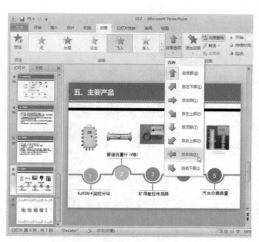

图8-64 选择"自右侧"选项

步骤9：依次选择文本组合形状，设置动画效果为"浮入"，并设置上方的两个组合文本的浮入效果为"下浮"，如图8-65所示。

步骤10：设置本张幻灯片中的所有动画开始方式均为"上一动画之后"，在"动画窗格"中调整各动画的排列顺序，如图8-66所示。

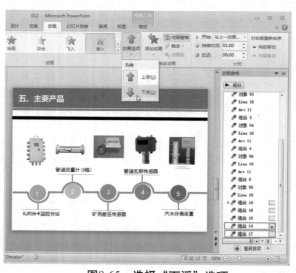

图8-65 选择"下浮"选项

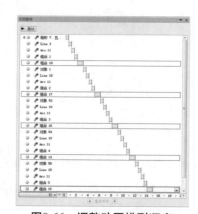

图8-66 调整动画排列顺序

步骤11：接下来介绍如何设置超链接，选择第6张幻灯片中的小标题文本，单击"插入"选项卡中的"超链接"按钮，如图8-67所示。

步骤12：打开"插入超链接"对话框，在左侧的"链接到"列表框中选择"现有文件或网页"，在"查找范围"下拉列表框中选择正确的文件，单击"确定"按钮，如图8-68所示。按照同样的方法，为其他4个小标题文本设置超链接。

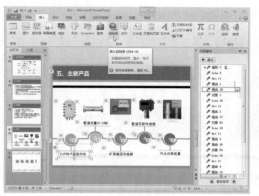

图8-67　单击"超链接"按钮　　　　　　图8-68　单击"确定"按钮

步骤13：选择第2张幻灯片，执行"插入>形状"命令，从展开的列表中选择"动作按钮：后退或前一项"选项，如图8-69所示。

步骤14：打开"动作设置"对话框，保持默认设置，单击"确定"按钮，如图8-70所示。

图8-69　选择"动作按钮：后退或前一项"选项　　　图8-70　单击"确定"按钮

步骤15：在页面绘制动作按钮，打开"设置形状格式"对话框，在"填充"选项中，选中"纯色填充"单选按钮，设置填充色为"橙色"，如图8-71所示。在"线条颜色"选项设置界面中，选中"无线条"单选按钮，并关闭对话框。

步骤16：按照同样的方法，插入"前进或下一项"和"第一张"动作按钮，并复制这三个动

图8-71　选择"橙色"

261

作按钮到其他幻灯片中，完成实例的制作，如图8-72所示。

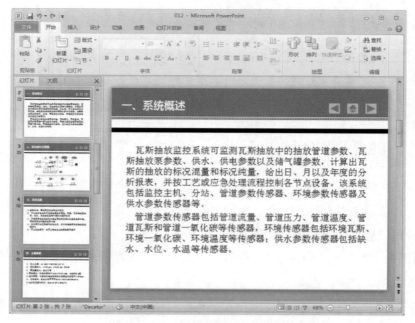

图8-72　为需要的幻灯片添加动作按钮

8.4　技　巧　放　送

1. 同时设置多个对象的动画

在对某些对象进行动画添加时，如果这些对象有着相同的动画效果，则可以将这些对象一起选中后再进行设置。

2. 播放动画后隐藏对象

如果某一对象在动画播放完成后不再需要显示，能不能将其隐藏呢？答案是肯定的。用户可以通过下面的方法实现。

首先设置好动画，然后进入到动画选项的对话框，根据图8-73所示，选择"播放动画后隐藏"命令，单击"确定"按钮即可。

3. 设置动画重复次数

如果想要控制某一动画播放的次数，同样可以进入动画选项的对话框中，按照图8-74所示的方式，在"计时"选项卡中进行相应的设置即可。

图8-73 设置动画选项　　　　　　　　图8-74 设置播放次数

4. 通过触发器控制动画的播放

在幻灯片播放时，有时我们无法通过鼠标单击这样的事件来达到想要实现的效果。这时我们可以通过某一对象来控制另一对象的动画是否播放。这就需要用到触发器。比如我们定义了Picture 6的动画，这个动画想通过单击AutoShape 5对象时再播放，就可以选择Picture 6，然后单击"触发"，选择"单击"→ AutoShape 5来实现，如图8-75所示。

图8-75 设置触发效果

263

第9章
幻灯片的放映与输出

花费了大量的心血去制作一个演示文稿，其最终的目的还是为了用来演示，如何根据需要能在放映时做到思路清晰、节奏分明呢？这就需要用到PowerPoint 2010的幻灯片放映管理功能，用户可以选择恰当的放映方式、自定义幻灯片的放映范围等。

9.1 知识点突击速成

9.1.1 放映幻灯片

当辛辛苦苦制作完成一个演示文稿后，我们肯定希望立即查看放映效果，可是放映幻灯片也是有很多讲究的哦！下面我们就来学习一下如何放映幻灯片吧！

1. 启动幻灯片放映

用户是不是已经迫不及待地想要查看制作的幻灯片效果了呢？在播放之前，先想一下是需要从头开始放映幻灯片呢？还是从某一张幻灯片开始播放呢？

1) 从头开始放映

常规来说，都是从头开始放映幻灯片，打开演示文稿后，按F5键，或者单击"幻灯片放映"选项卡中的"从头开始"按钮即可从第一张幻灯片开始放映该演示文稿，如图9-1所示。如果要终止放映，则可以按Esc键。

2) 从当前幻灯片开始放映

若用户希望从演示文稿中的某一张幻灯片开始放映，则需在打开演示文稿后，选择这张幻灯片，单击"从当前幻灯片开始"按钮，可从当前幻灯片开始向后放映，如图9-2所示。

图9-1 单击"从头开始"按钮

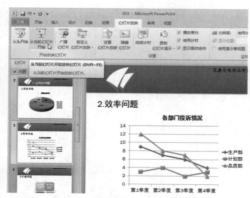
图9-2 单击"从当前幻灯片开始"按钮

2. 自定义放映

若用户在放映幻灯片时，希望可以放映特定的几张幻灯片，该怎么办呢？这时可以自定义幻灯片的放映，其操作步骤如下。

步骤1：打开演示文稿，单击"幻灯片放映"选项卡中的"自定义幻灯片放映"按钮，从列表中选择"自定义放映"选项，如图9-3所示。

步骤2：打开"自定义放映"对话框，单击"新建"按钮，如图9-4所示。

图9-3　选择"自定义放映"选项

图9-4　单击"新建"按钮

步骤3：打开"定义自定义放映"对话框，在"幻灯片放映名称"文本框中输入放映名称，从"在演示文稿中的幻灯片"列表框中，按住Ctrl键同时用鼠标选取想要放映的幻灯片，单击"添加"按钮，然后单击"确定"按钮，关闭自定义放映对话框，如图9-5所示

步骤4：再次单击"自定义幻灯片放映"按钮，可以看到刚才定义的名称，选择该名称即可放映，如图9-6所示。

图9-5　自定义幻灯片放映

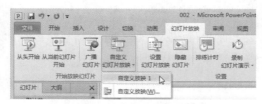

图9-6　单击"放映"按钮

3. 放映时查看其他幻灯片

在放映幻灯片时，若需要切换至指定的幻灯片进行演示，可以使用以下几种方法。

1) 右键快捷菜单法

在播放幻灯片时，右键单击，从弹出的快捷菜单中选择"上一张"、"下一张"或者"最近查看过的"命令，将执行对应的动作，也可以选择"定位至幻灯片"命令，从其关联菜单中选择需要定位的幻灯片，如图9-7所示。

2) 浮动按钮法

单击■按钮，从弹出的菜单中根据需要进行选择即可，如图9-8所示。

3) 对话框法

在播放过程中，在键盘上按Ctrl + S组合键，在弹出的对话框的"幻灯片标题"列表框中选择需定位的幻灯片，单击"定位至"按钮即可，如图9-9所示。

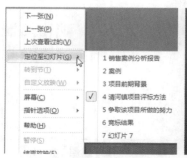

图9-7　右键快捷菜单法　　图9-8　浮动按钮法　　

图9-9　对话框法

4) 键盘快捷键查看法

在放映过程中，按BackSpace、PageUp、↑以及←可以查看上一页幻灯片，按PageDown、→、↓可以查看下一张幻灯片。在键盘上按下需要切换至幻灯片的页码后按Enter键确认可定位至该幻灯片。例如，用户想切换至第2页，可以在键盘上按2键后按Enter键来实现。

9.1.2　设置幻灯片放映

你想在放映幻灯片时控制节奏么？你想将幻灯片设置为循环播放么？你希望可以在放映幻灯片时将某些幻灯片隐藏起来么？又或者是希望可以为幻灯片录制相应的解说……都需要用户在放映幻灯片之前对幻灯片的放映进行相应的设置。

1. 设置放映方式

对幻灯片放映方式的设置，都可以通过"设置放映方式"对话框来实现，在该对话框中，用户可以对幻灯片的放映类型、放映选项以及放映范围等进行设置，执行"幻灯片放映>设置幻灯片放映"命令，可打开"设置放映方式"对话框，如图9-10所示。

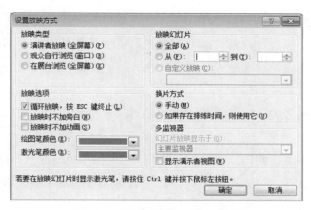

图9-10 "设置放映方式"对话框

1) 设置放映类型

幻灯片放映类型主要包括"演讲者放映(全屏幕)"、"观众自行浏览(窗口)"和"在展台浏览(全屏幕)"三种,在"设置放映方式"对话框的"放映类型"选项下,根据需要选择相应的单选按钮即可。

(1) 演讲者放映 (全屏幕)

在该模式下,将以全屏幕的方式放映演示文稿,在放映过程中,演讲者对演示文稿有着完全的控制权,可以采用不同的放映方式,也可以暂停或录制旁白。

(2) 观众自行浏览 (窗口)

在该模式下,以窗口形式运行演示文稿,只允许观众对演示文稿进行简单的控制,包括切换幻灯片、上下滚动等。

(3) 在展台浏览 (全屏幕)

在该模式下,不需要专人控制即可自动演示文稿,不能单击鼠标手动放映幻灯片,但可以通过动作按钮、超链接进行切换。

2) 设置放映选项

在"设置放映方式"对话框的"放映选项"选项中,可进行如下的设置。

(1) 设置循环播放

选中"循环放映,按Esc键终止"复选框,可循环播放幻灯片,直到用户按Esc键选择退出才能退出放映模式。

(2) 放映时是否包含旁白和动画

选中"放映时不加旁白"复选框,在放映过程中,录制的旁白不会放映出来;选中"放映时不加动画"复选框,放映幻灯片时,为对象设置的动画效果将不会显示出来。

（3）设置激光笔以及绘图笔颜色

单击"绘图笔颜色"以及"激光笔颜色"右侧的下拉按钮，可以从展开的列表中选择合适的颜色作为绘图笔或激光笔颜色。

3）设置幻灯片放映范围

在"设置放映方式"对话框的"放映幻灯片"选项组中，可以设置幻灯片的放映范围。

选中"全部"单选按钮，可将演示文稿内未隐藏的所有幻灯片放映出来。

选中"从……到……"单选按钮，并在右侧的数值框中输入数字，可放映用户定义范围内的幻灯片。

4）设置换片方式

在"设置放映方式"对话框的"换片方式"选项组中，可以设置幻灯片的换片方式。

选中"手动"单选按钮，在放映过程中需要用户手动切换幻灯片。

选中"如果存在排练时间，则使用它"单选按钮，可以按照排练时间自动播放幻灯片。

2. 隐藏幻灯片

在放映幻灯片时，用户可以将不想显示出来的幻灯片隐藏起来，被隐藏的幻灯片在放映时会被跳过。

打开演示文稿，按住Ctrl键的同时，选取第1和第4张幻灯片，单击"幻灯片放映"选项卡中的"隐藏幻灯片"按钮，如图9-11所示。被隐藏的幻灯片左上角会显示"\"标记，且"隐藏幻灯片"按钮显示为选中状态，如图9-12所示。若用户想取消隐藏，则选中隐藏的幻灯片后，再次单击"隐藏幻灯片"按钮即可。

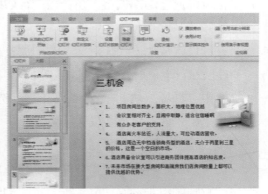

图9-11　单击"隐藏幻灯片"按钮　　　　图9-12　隐藏幻灯片效果

3. 录制旁白

若用户希望幻灯片在放映时可以实现视频效果，可以通过录制旁白的方法来实现，其操作步骤如下。

步骤1：打开演示文稿，在左侧"幻灯片/大纲"窗格中，选择第2张幻灯片。单击"幻灯片放映"选项卡中的"录制幻灯片演示"按钮，从下拉列表中选择"从当前幻灯片开始录制"选项，如图9-13所示。

步骤2：打开"录制幻灯片演示"对话框，取消选中"幻灯片和动画计时"复选框，单击"开始录制"按钮，如图9-14所示。

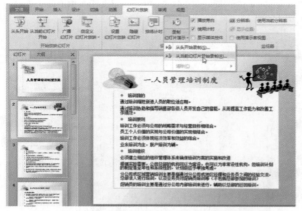

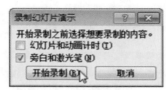

图9-13　选择"从当前幻灯片开始录制"选项　　　图9-14　单击"开始录制"按钮

步骤3：进入幻灯片录制状态，并开始录制旁白，左上角将会显示"录制"状态栏，单击"下一项"按钮 ⇒ 可切换至下一张幻灯片，单击"暂停"按钮 ‖ 可以暂停录制，如图9-15所示。

步骤4：若中途退出录制，可以按Esc键直接退出幻灯片放映状态，录制到最后一张幻灯片，可以自动切换到幻灯片浏览视图，单击"视图"选项卡中的"普通视图"按钮，如图9-16所示。

图9-15　"录制"状态栏　　　　　　图9-16　单击"普通视图"按钮

步骤5：返回演示文稿的普通视图状态，可以看到录制旁白的幻灯片中出现声音图标，选中该图标将自动显示播放条，然后单击"播放"按钮，即可收听录制的旁白，如图9-17所示。

在录制旁白后，若用户试听时发现录制的旁白有误，需要将其清除后重新进行录制，那么该如何清除旁白呢？其实很简单，只需打开演示文稿，在"幻灯片放映"选项卡中单击"录制幻灯片演示"按钮，从下拉列表中选择"清除"选项，从关联菜单中选择"清除当前幻灯片中的旁白"选项，如图9-18所示。也可以选中声音图标，直接按Delete键进行删除。或者打开"设置放映方式"对话框，在"放映选项"选项组中勾选"放映时不加旁白"复选框，单击"确定"按钮。

图9-17　试听旁白

图9-18　清除旁白

4. 排练计时

当用户需要计算演示文稿放映所需时间或者设置自动播放时，需要使用排练计时功能，其操作步骤如下。

步骤1：打开演示文稿，单击"幻灯片放映"选项卡中的"排练计时"按钮，如图9-19所示。

步骤2：将自动进入放映状态，左上角会显示"录制"工具栏，中间时间代表当前幻灯页面放映所需时间，右边时间代表放映所有幻灯片累计所需时间，如图9-20所示。

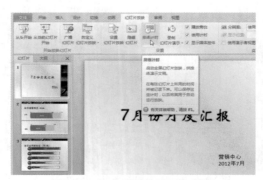

图9-19　单击"排练计时"按钮

图9-20　设置幻灯片停留时间

步骤3：根据需要依次设置每张幻灯片的停留时间，翻到最后一张时，单击鼠标左键，会弹出提示对话框，询问用户是否保留幻灯片排练时间，单击"是"按钮，如图9-21所示。

步骤4：返回至幻灯片浏览视图，显示每张幻灯片放映所需时间，如图9-22所示。

图9-21 单击"是"按钮

图9-22 幻灯片浏览

5. 激光笔的使用

在演示幻灯片时，若希望指出某处内容，可以采用激光笔突出显示，在放映过程中按住Ctrl键的同时，单击鼠标左键即可显示激光笔。

还可以在放映之前对激光笔的颜色进行设置，打开"设置放映方式"对话框，在"放映选项"选项组中，单击"激光笔颜色"选项右侧的下拉按钮，选择合适的颜色即可，如图9-23所示。

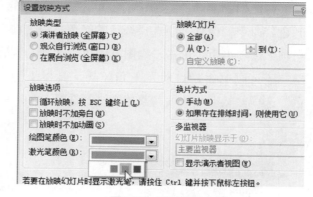

图9-23 设置放映方式

6. 在放映幻灯片时进行标注

在播放演示文稿的过程中，对于需要强调或阐明联系关系的地方，为了更好地说明这些内容，用户可以为其添加标记，这就需要用到画笔和荧光笔功能。

步骤1：打开演示文稿，按F5键播放幻灯片，右键单击，从弹出的快捷菜单中选择"指针选项"命令，从其关联菜单中选择"笔"命令，如图9-24所示。

步骤2：设置完成后，拖动鼠标即可在幻灯片上进行标记，如图9-25所示。

273

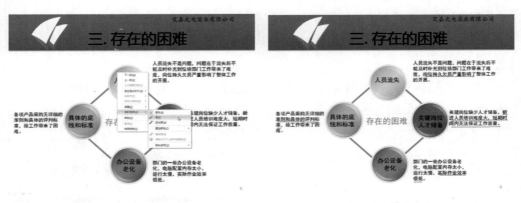

图9-24　选择"笔"命令　　　　　　　　图9-25　进行标记

步骤3：绘制完成后，按Esc键退出，将弹出一个对话框，询问用户是否保留墨迹注释，单击"保留"按钮，则保留标记墨迹，若单击"放弃"按钮，则清除标记墨迹，如图9-26所示。

默认画笔颜色为红色，若当前画笔颜色与演示文稿颜色相近，标记效果不明显，用户可以通过设置改变画笔的颜色。

在使用画笔功能之前，右键单击，在弹出的快捷菜单中选择"指针选项>墨迹颜色"命令，在列表中选择合适的颜色。或者在"设置放映方式"对话框的"放映选项"选项组中，单击"绘图笔颜色"选项右侧的下拉按钮，选择合适的颜色。

还可以单击幻灯片左下角浮动工具栏上的 ✐ 按钮，从列表中选择"墨迹颜色"选项，然后从其关联菜单中进行选择，如图9-27所示。

图9-26　单击"保留"按钮

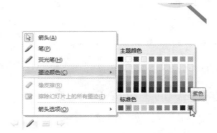

图9-27　选择"紫色"

9.1.3　演示文稿的输出

PowerPoint提供了多种文稿输出方式，既可以将其保存为普通的文稿，还可以将其保存为PDF/XPS文件，输出为视频、打包到CD光盘以及创建讲义文稿等。下面我们来简要了解这几种输出方式。

1．创建PDF/XPS文档

若用户希望与其他人共享文件时保留文件格式或者使用专业方法打印文件，可以将文件另存为 PDF或XPS的形式，而无须使用其他软件或加载项，下面以将文件保存为XPS文档为例进行介绍，其操作步骤如下。

步骤1：打开演示文稿，执行"文件>保存并发送"命令，选择右侧"文件类型"下的"创建PDF/XPS文档"选项，单击右侧的"创建PDF/XPS"按钮，如图9-28所示。

步骤2：打开 "另存为PDF或XPS文档"对话框，选择合适的保存位置，设置保存类型为XPS，并输入文件名，单击"发布"按钮，如图9-29所示。

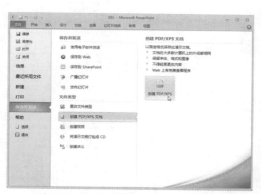

图9-28　单击"创建PDF/XPS"按钮

图9-29　单击"发布"按钮

步骤3：创建完成后，将自动打开创建的XPS文档，如图9-30所示。

图9-30　创建XPS文档

2．将演示文稿创建为视频

用户还可以将演示文稿创建为视频进行播放，打开演示文稿，执行"文件>保存并发送"命令，选择右侧"文件类型"下的"创建视频"选项，单击右侧的"创建视频"按钮，如图9-31所示。弹出"另存为"对话框，选择保存位置并设置文件名后单击"保存"按钮，即可将演示文稿创建为视频，如图9-32所示。

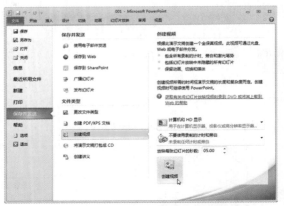

图9-31　单击"创建视频"按钮

图9-32　单击"保存"按钮

3．创建讲义

用户还可以创建讲义辅助演讲，其操作步骤如下。

步骤1：打开演示文稿，执行"文件>保存并发送"命令，选择右侧"文件类型"下的"创建讲义"选项，单击右侧的"创建讲义"按钮，如图9-33所示。

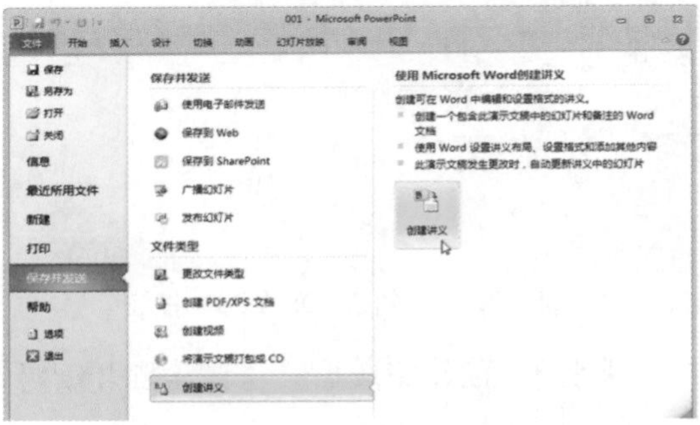

步骤2：打开 "发送到Microsoft Word"对话框，选择"备注在幻灯片旁"版式，单击"确定"按钮，如图9-34所示。

步骤3：创建完成后，将自动打开创建的文档，如图9-35所示。

图9-33　单击"创建讲义"按钮

图9-34　单击"确定"按钮

图9-35　创建讲义文档

9.1.4 打印演示文稿

演示文稿制作完成后，若希望将该演示文稿打印出来，在打印之前，需要对打印的页数、范围以及打印版式等进行设置。执行"文件>打印"命令，所有关于打印设置的命令，都集中在"打印"选项，如图9-36所示。

图9-36 选择"打印"选项

1. 设置幻灯片的打印范围

为了节约纸张，只需将需要的信息打印出来即可，因此在打印之前需要设置打印范围。单击右侧"设置"选项下的"打印全部幻灯片"按钮，从列表中选择"自定义范围"选项，如图9-37所示。然后在下面"幻灯片"右侧的文本框中按照提示输入幻灯片范围即可，如图9-38所示。

277

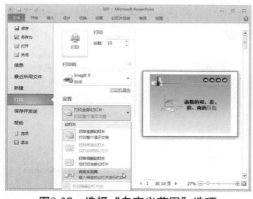

图9-37 选择"自定义范围"选项

图9-38 输入页码

2. 轻松更改打印版式或打印讲义

若需要将幻灯片的备注或者大纲等一起打印出来，或需要打印讲义，可以单击右侧"设置"选项下的"整页幻灯片"按钮，在列表中进行适当的选择，如图9-39

所示。在该列表中，还可以为幻灯片添加边框，调整幻灯片大小，提高幻灯片打印质量。

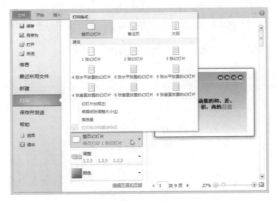

图9-39　单击"整页幻灯片"按钮

3．更改打印色彩模式

幻灯片在设计时均以彩色模式显示，但是，一般的打印机并不支持彩色打印，或者是不需要彩色印刷，幻灯片默认的彩色模式为灰度模式，可以单击右侧"设置"选项下的"灰度"按钮，从列表中进行选择并打印，如图9-40所示。

4．打印时添加编号

在打印演示文稿时，若有多张幻灯片需要打印，为了避免打印后不小心将页码顺序混淆，可以在打印前为其添加编号，单击右侧"设置"选项下的"编辑页眉和页脚"按钮，打开"页眉和页脚"对话框，选中"幻灯片编号"和"标题幻灯片中不显示"复选框，单击"全部应用"按钮，如图9-41所示。

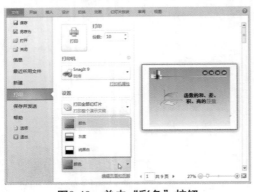

图9-40　单击"彩色"按钮

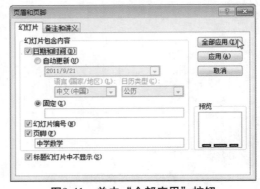

图9-41　单击"全部应用"按钮

相关打印设置完成后，可以通过右侧的预览区，预览设置效果，单击"上一页"◀或"下一页"▶按钮预览幻灯片，如图9-42所示。确认无误后，单击"打印"按钮进行打印即可，如图9-43所示。

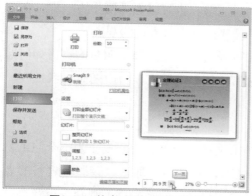

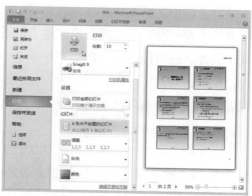

图9-42 单击"下一页"按钮　　　　　　　图9-43 单击"打印"按钮

9.2 高手经验

9.2.1 演讲的技巧把握

1. 把握好焦点

在台上演讲时，一定要集中精力，不要考虑太多突发因素，要明确自己在台上的目的，就是将此次演讲内容传达给观众。要心无旁骛地进行演讲，其他的事都不需要担忧，即使真的会发生突发状况，观众也是可以理解的。但是，观众不会容忍演讲者在台上心不在焉、注意力分散的演讲。

2. 控制好时间

在台上演讲时，对时间的控制一定要适当，太长，观众会厌倦；太短，观众可能不会完全明白演讲内容。一定不能开始时浓墨重彩，结束的时候却是简单的黑白色调。最好在演讲之前，充分地进行准备，留出一定的观众提问时间，利用幻灯片的排练计时功能自己模拟演讲一两遍。

3. 别忽视了开场白

除了一些特殊的场合，一般来说，在开始进入演讲主题之前，都会有一段开场白，开场白就是必不可缺的东风，也是吹醒昏昏欲睡的观众的利器。

一般来说，大都采用的套路为"大家好，我是×××，今天演讲的题目是×××。"听到这些就像是QQ聊天时无话可讲就会从窗口弹出"呵呵"，所以被戏称为聊天止于"呵呵"。因此，一个落入俗套的开场白，也不是观众喜欢的。

演讲者可以将简单的开场白稍微转变一下，可以将演讲的题目放在前面；可以一段合适的小笑话或小故事作为开场引出演讲主题；也可以像悬疑小说一样，在演讲开始设置悬念，吸引观众的注意力，然后循序渐进引入自己的观点……

另外，还可以向受众传达一个信息，告诉受众在中途遇到不明白的事情如何处理。比如，可以说一句："如果大家在中途有不明白的地方，可以随时向我提问，或者在演讲结束后单独沟通。"

4. 注意情感的流露

上学时，我们都很喜欢那些在讲台上神采飞扬，把枯燥的公式变为一个简单易懂的故事，把一篇诗词声情并茂地讲解的老师，而不喜欢那些只会照本宣科的老师。演讲不是按着死板的幻灯片朗读，而是要用自己的热情去感染观众，声音要有感染力，语调要有所起伏，再加上一些肢体动作，该和观众进行交流时和观众进行交流。

5. 注意受众的情绪

演讲是另外一种销售，只不过销售的是你的观点，而观众就是你的顾客。在服务行业有句话"顾客就是上帝"，没错，你的观众也是你的上帝，在演讲过程中一定不能忽视观众的情绪，要注意台下观众的反应，发现观众对自己的某一个观点或者论证有不理解的地方，要做出适当的解释。若下面观众注意力比较分散，则可以技巧性地通过一句笑话、一个动作也可以是一个语调，将观众拉回到演讲中。总之，一定要学会"察言观色"，充分照顾到顾客的情绪，才能将你的观点销售出去。

9.2.2　演讲过程中的操作技巧

有两个技巧可以让放映操作更加便捷和快速。

1. 使用"显示"功能直接放映

一般情况下都是先打开演示文稿，然后再进行放映，其实，还有一种更加快捷的方式可以放映幻灯片，在磁盘中找到演示文稿文件，右键单击文件，在弹出的快捷菜单中选择"显示"命令，即可直接放映幻灯片，如图9-44所示。

图9-44　选择"显示"命令

280

2. 快捷键的使用

PowerPoint 2010在全屏方式下进行放映时，只有右键菜单和放映按钮还可以操作。通过以下专门控制幻灯片放映的快捷键，将会极大地提高放映速度！

F5：在任何一页幻灯片中按下该键，都会从头开始放映幻灯片。

Shift + F5：按下该组合键，将从当前幻灯片开始放映。

N、Enter、Page Down、右箭头(→)、下箭头(↓)或空格键：执行下一个动画或换页到下一张幻灯片。

P、Page Up、左箭头(←)，上箭头(↑))或Backspace：执行上一个动画或返回到上一个幻灯片。

+Enter：超级链接到幻灯片上。

B或句号：黑屏或从黑屏返回幻灯片放映。

W或逗号：白屏或从白屏返回幻灯片放映。

s或加号：停止或重新启动自动幻灯片放映。

Esc、Ctrl+Break或连字符(-)：退出幻灯片放映。

E：擦除屏幕上的注释。

H：到下一张隐藏幻灯片。

T：排练时设置新的时间。

O：排练时使用原设置时间。

M：排练时使用鼠标单击切换到下一张幻灯片。

同时按下两个鼠标按钮几秒钟：返回第一张幻灯片。

Ctrl+P：重新显示隐藏的指针或将指针改变成绘图笔。

Ctrl+A：重新显示隐藏的指针和将指针改变成箭头。

Ctrl+H：立即隐藏指针和按钮。

Ctrl+U：在15秒内隐藏指针和按钮。

Shift+F10(相当于单击鼠标右键)：显示右键快捷菜单。

Tab：转到幻灯片上的第一个或下一个超级链接。

Shift+Tab：转到幻灯片上的最后一个或上一个超级链接。

9.3 技 巧 放 送

1. 根据需要调整幻灯片顺序或将其删除

有时，由于幻灯片的内容过长，可能需要针对不同的人群有选择地进行播放其中的一些内容，这时就可以通过自定义放映的方式实现这一功能。打开"定义自定义放映"对话框，从"在演示文稿中的幻灯片"列表中，选择需要播放的幻灯片，单击"添加"按钮将其添加到右边的列表中。另外，还可以通过列表框右侧的"向上"或"向下"按钮，调整幻灯片的顺序，如图9-45所示。

2. 播放幻灯片过程中隐藏鼠标指针

默认情况下，放映幻灯片过程中会显示鼠标箭头，用户可根据需要将其隐藏或显示。

放映幻灯片时，右键单击，从弹出的快捷菜单中选择"指针选项"命令，从关联菜单中选择"箭头选项"，然后再选择"永远隐藏"命令，如图9-46所示。

还可以通过组合键隐藏或显示鼠标指针，在键盘上按下Ctrl + H组合键即可隐藏指针和按钮，按Ctrl + A组合键可重新显示隐藏的指针和将指针改变成箭头。

图9-45 单击"上一个"按钮

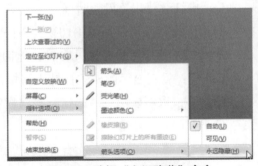

图9-46 选择"永远隐藏"命令

3. 显示或隐藏墨迹

在放映幻灯片的过程中，对于使用了"荧光笔"的幻灯片，可以通过右键单击，执行"屏幕>显示/隐藏墨迹标注"命令，将显示的墨迹隐藏或显示，如图9-47所示。

4. 放映时黑屏、白屏以及切换程序

在放映幻灯片时，有时需要切换到其他程序中对幻灯片进行说明，比如到一个Word文档中进行详细解释。这时我们可以不需要关闭PowerPoint，直接右键单击，从弹出的快捷菜单中选择"屏幕"命令，从关联菜单选择"切换程序"即可，如图9-48所示。

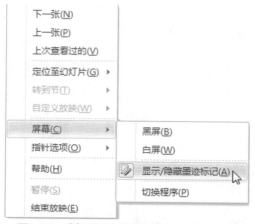 

图9-47 选择"显示/隐藏墨迹标记"命令　　**图9-48 选择"切换程序"命令**

此外，在放映幻灯片的过程中，直接在键盘上按下B或句号键可以实现黑屏操作，再次按B或句号键可以从黑屏返回幻灯片放映。

直接在键盘上按W或逗号键可以实现白屏操作，再次按W或逗号键可以从白屏返回幻灯片放映。

5. 若用户想要清除当前排练计时，该如何操作呢？

只需取消各个幻灯片的换片时间即可。选中某个幻灯片，在"切换"选项卡中取消选中"设置自动换片时间"复选框，依次设置其他幻灯片即可，如图9-49所示。

图9-49 取消对"设置自动换片时间"的选中

6. 把PPT导出为图片

在PowerPoint 2010中，用户可以根据需要将演示文稿导出为图片的形式，即BMP、JPG、TIFF、PNG、GIF等格式的图形文件，其操作步骤如下。

步骤1：打开演示文稿，执行"文件>保存并发送"命令，选择右侧"文件类型"下的"图片文件类型"选项，然后选择"PNG可移植网络图形格式 (*.png)"

选项，单击"另存为"按钮，如图12-50所示。

步骤2：弹出"另存为"对话框，设置保存路径和文件名，单击"保存"按钮，如图12-51所示。

图9-50 单击"另存为"按钮

图9-51 单击"保存"按钮

步骤3：弹出提示对话框，单击"仅当前幻灯片"按钮即可完成操作，如图12-52所示。

还可以执行"文件>另存为"命令，在"另存为"对话框中，设置保存路径和文件名，设置"保存类型"为"PNG可移植网络图形格式"，如图12-53所示。

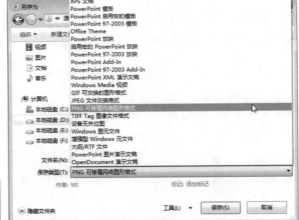

图9-52 单击"仅当前幻灯片"按钮　　图9-53 选择"PNG可移植网络图形格式"选项